【现代农业科技与管理系列】

农产品与食品加工技术

主　编　梁　进
编写人员　任旭东　李雪玲
孙　玥　徐支青

ARTTIME 时代出版
时代出版传媒股份有限公司
安徽科学技术出版社

图书在版编目(CIP)数据

农产品与食品加工技术 / 梁进主编. --合肥：安徽科学技术出版社，2022.12(2023.9 重印)

助力乡村振兴出版计划. 现代农业科技与管理系列

ISBN 978-7-5337-6798-3

Ⅰ.①农… Ⅱ.①梁… Ⅲ.①农产品-食品加工 Ⅳ.①TS205

中国版本图书馆 CIP 数据核字(2022)第 215942 号

农产品与食品加工技术 主编 梁 进

出 版 人：王筱文 选题策划：丁凌云 蒋贤骏 余登兵 责任编辑：陈芳芳

责任校对：戚革惠 责任印制：廖小青 装帧设计：王 艳

出版发行：安徽科学技术出版社 http://www.ahstp.net

(合肥市政务文化新区翡翠路 1118 号出版传媒广场，邮编：230071)

电话：(0551)63533330

印 制：安徽联众印刷有限公司 电话：(0551)65661327

(如发现印装质量问题，影响阅读，请与印刷厂商联系调换)

开本：720×1010 1/16 印张：8.75 字数：120 千

版次：2022 年 12 月第 1 版 印次：2023 年 9 月第 2 次印刷

ISBN 978-7-5337-6798-3 定价：35.00 元

出版说明

“助力乡村振兴出版计划”(以下简称“本计划”) 以习近平新时代中国特色社会主义思想为指导，是在全国脱贫攻坚目标任务完成并向全面推进乡村振兴转进的重要历史时刻，由中共安徽省委宣传部主持实施的一项重点出版项目。

本计划以服务乡村振兴事业为出版定位，围绕乡村产业振兴、人才振兴、文化振兴、生态振兴和组织振兴展开，由《现代种植业实用技术》《现代养殖业实用技术》《新型农民职业技能提升》《现代农业科技与管理》《现代乡村社会治理》五个子系列组成，主要内容涵盖特色养殖业和疾病防控技术、特色种植业及病虫害绿色防控技术、集体经济发展、休闲农业和乡村旅游融合发展、新型农业经营主体培育、农村环境生态化治理、农村基层党建等。选题组织力求满足乡村振兴实务需求，编写内容努力做到通俗易懂。

本计划的呈现形式是以图书为主的融媒体出版物。图书的主要读者对象是新型农民、县乡村基层干部、“三农”工作者。为扩大传播面、提高传播效率，与图书出版同步，配套制作了部分精品音视频，在每册图书封底放置二维码，供扫码使用，以适应广大农民朋友的移动阅读需求。

本计划的编写和出版，代表了当前农业科研成果转化和普及的新进展，凝聚了乡村社会治理研究者和实务者的集体智慧，在此谨向有关单位和个人致以衷心的感谢！

虽然我们始终秉持高水平策划、高质量编写的精品出版理念，但因水平所限仍会有诸多不足和错漏之处，敬请广大读者提出宝贵意见和建议，以便修订再版时改正。

本册编写说明

农产品及食品加工在推进三产融合、有效延伸农业产业链、带动乡村振兴方面起着极其重要的作用。为配合当前安徽省“两强一增”行动方案的实施，满足我省乡村振兴战略的技术需求，服务新型农民、基层干部及“三农”科技工作者，特编写本书，旨在为广大农业科技工作者提供技术指导方面的简明实用的参考资料。

本书从农产品与食品加工概况、农产品与食品加工共性技术、粮食产品加工技术、果蔬产品加工技术、畜禽及水产品加工技术和特色农产品加工技术等方面阐述农产品与食品加工领域的实用新技术。

本书收集了有关农产品与食品加工相关最新文献资料，力求内容新颖，实用性强。本书也可作为农业经理人等相关职业培训的参考教材。在本书编写过程中，作者查阅和参考了有关农产品与食品加工的专著和论文，以及农业农村部和安徽省农业农村厅等官方网站的相关报道资料，在此对这些专著和论文及相关报道的作者一并表示衷心的感谢。

目 录

第一章 绪 论

第一节 农产品与食品加工基础知识

一 农产品的定义与类型

1.农产品的定义

依据《中华人民共和国农产品质量安全法》中的规定,农产品是指来源于农业的初级产品,即在农业活动中获得的植物、动物、微生物及其产品,通常是指农业生产活动中直接获得的、没有经过加工的产品,比如高粱、稻子、花生、玉米、小麦及各个地区的土特产等,其中也包括经分拣、去皮、清洗、切割、冷冻、打蜡、分级、包装等粗加工,但未改变基本自然形状和化学形状的加工品,如收获的茶叶、棉花等,以及养殖、捕捞的猪、鸡、鸭、鱼、蟹、海带、加工前的鲜奶等产品。一般将供食用的来源于农业的初级产品统称为食用农产品。

2.食用农产品的类型

依据农产品质量安全认证管理标准,食用农产品可划分为无公害农产品、绿色食品及有机食品。

(1)无公害农产品

无公害农产品是指产地环境、生产过程和产品质量符合国家有关标准和规范的要求，经认证合格获得认证证书，并允许使用无公害农产品标志的未经加工或者初加工的食用农产品。

（2）绿色食品

绿色食品是遵循可持续发展原则，按照特定生产方式生产，经专门机构认定，许可使用绿色食品商标标志的无污染的安全、优质、营养类食品。

绿色食品可分为两个等级，即A级和AA级。A级绿色食品是指生态环境质量符合规定标准，生产过程中允许限量、限时间、限定方法使用限定种类的化学合成物质，按特定的操作规程进行生产、加工，产品质量及包装经检验、检测符合特定标准，并经专门机构认定，许可使用A级绿色食品标志的产品；AA级绿色食品是指环境质量符合规定标准的要求，生产过程中禁止使用任何化学合成物质，按特定的操作规程进行生产、加工，产品质量及包装经检验、检测符合特定标准，并经专门机构认定，许可使用AA级绿色食品标志的产品。

（3）有机食品

有机食品是按照有机农业生产标准，在生产中不使用人工合成的肥料、农药、生长调节剂和畜禽饲料添加剂等物质，不采用基因工程获得的生物及其产物，遵循自然规律和生态学原理，采取一系列可持续发展的农业技术，协调种植业和养殖业的关系，促进生态平衡、物种的多样性和资源的可持续利用而生产出的食品。

在质量安全等级上，可将食用农产品从低端到高端划分为普通食品、无公害农产品、绿色食品、有机食品，见图1–1。

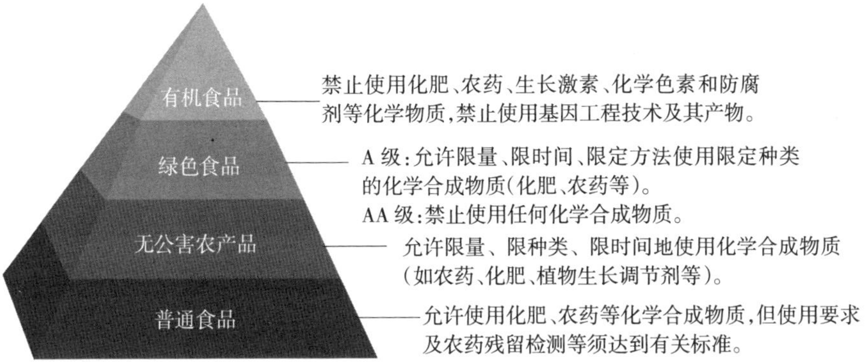

图1-1　食用农产品质量安全等级金字塔

二 食品的定义与类型

1.食品的定义

依据《中华人民共和国食品安全法》中的规定，食品是指各种供人食用或者饮用的成品和原料以及按照传统既是食品又是药品的物品，但是不包括以治疗为目的的物品。而《食品工业基本术语》中对食品的定义为：可供人类食用或饮用的物质，包括加工食品、半成品和未加工食品，不包括烟草或只作药品用的物质。

2.食品的类型

(1)按食品生产许可划分

《食品生产许可分类目录》是国家市场监督管理总局根据《食品生产许可管理办法》制定的食品生产许可分类管理目录。依据该管理目录中食品的类别，食品可分为32类：粮食加工品、食用油和油脂及其制品、调味品、肉制品、乳制品、饮料、方便食品、饼干、罐头、冷冻饮品、速冻食品、薯类和膨化食品、糖果制品、茶叶及相关制品、酒类、蔬菜制品、水果制品、炒货食品及坚果制品、蛋制品、可可及焙烤咖啡产品、食糖、水产制品、淀粉及淀粉制品、糕点、豆制品、蜂产品、保健食品、特殊医学用途配方食品、婴幼儿配方食品、特殊膳食食品、其他食品、食品添加剂。

(2)按食品摄入营养划分

中国居民平衡膳食宝塔(2016)(图 1–2)中对食品营养的摄入给出了建议,该膳食宝塔共分 5 层。第一层:谷类、杂豆类及薯类;第二层:蔬菜类、水果类;第三层:肉类、水产品类、蛋类;第四层:乳类、大豆及坚果类;第五层:烹调油类、盐类。此外,还包括每日饮用水量。

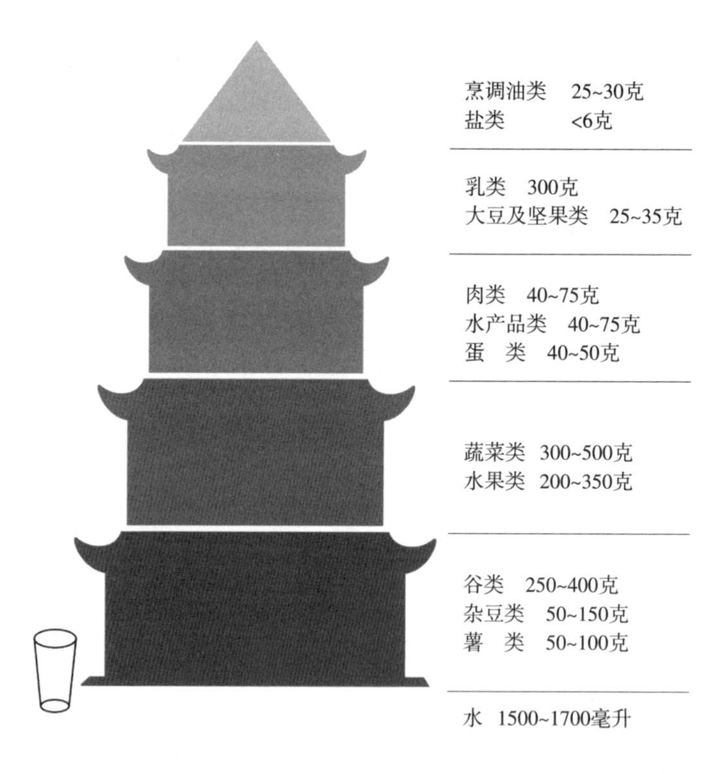

图1–2 中国居民平衡膳食宝塔(2016)

第二节 农产品与食品产业现状及趋势

一 我国农产品加工产业现状

农产品加工业是指对粮棉油薯、肉禽蛋奶、果蔬茶菌、水产品、林产品和特色农产品等进行工业生产活动的总称。农产品加工业处于“农头工尾、粮头食尾”，一头连着农业和农民，一头连着工业和市民，亦工亦农，既与农业密不可分，又与工商业关系紧密，是农业现代化的支撑力量和国民经济的重要产业。

1.我国农产品加工业的重要意义

我国是一个农业大国，而农产品加工业是我国发展农村经济的重要组成部分。农产品加工业涉及服务业、农业、工业等诸多领域，具有周期较短、收入较高的特点，它更加符合我国发展中国家的国情，同时也是我国需要优先考虑发展的产业。发展农产品加工业是推进农业供给侧结构性改革的重要抓手，是破解农产品难卖滞销、促进农民增收的重要途径，也是推进农业现代化、建设农业强国的重要支撑。近年来，我国农产品加工业有了长足发展，已成为农业现代化的支撑力量和国民经济的重要产业，对促进农业提质增效、农民就业增收和农村一、二、三产业融合发展，对提高人民群众生活质量和健康水平、保持经济平稳较快增长发挥了十分重要的作用。

2.我国农产品加工业存在的问题

改革开放以来，我国农产品加工业发展非常迅速，加工技术不断提升，我国农产品加工规模也日益扩大。 目前，我国的农产品加工业已实现飞速成长和进步,但在实际发展过程中仍面临诸多问题。

(1)精深加工水平需要提升

农产品精深加工能够延长产业链条,最大限度提升农产品附加值。目前,我国农产品精深加工水平与发达国家相比还普遍较低,加工副产物尚未得到综合利用。从国际经验看,现代农业强国农产品加工转化率通常超过85%。而我国预期到2025年,农产品加工转化率可达到75%。

(2)加工设备需要研发创新

尽管目前我国农产品加工设备可以满足行业发展需求,但随着行业规模的不断扩大,这些设备难以较好地支撑整个行业的发展,需要不断加强对装备的研发,尤其随着智能制造、生物合成、三维打印等新技术的不断研发与运用,一些拥有自主知识产权的新设备及专用设备亟待创新与有效升级。需要引导农产品加工装备研发机构和生产创制企业,开展智能化、清洁化加工技术装备研发,提升农产品加工装备水平。

(3)专业技术人才亟待培养

科技是第一生产力,而专业化人才是农产品加工业发展的重要因素。在农产品加工业发展过程中,需要专业技术人员进行新技术的应用和新产品的研发与推广。此外,农产品加工企业不仅需要技能人才,还需要各级专业化的农业管理人才,以便促进农产品加工产业发展。

基于此,安徽省率先出台《科技强农机械强农促进农民增收行动方案(2022—2025年)》,提出实施农业生产的"两强一增"行动计划,部署推进"科技强农、机械强农",多管齐下增加农民收入,深入推进乡村全面振兴。

3.我国农产品加工业发展趋势

国务院办公厅颁发的《关于进一步促进农产品加工业发展的意见(国办发〔2016〕93号)》指出,在确保国家粮食安全和农产品质量安全的基础上，以转变发展方式、调整优化结构为主线，以市场需求为导向，以增加农民收入、提高农业综合效益和竞争力为核心，因地制宜、科学规划，发挥优势、突出特色，推动农产品加工业从数量增长向质量提升、要素驱动向创新驱动、分散布局向集群发展转变，完善农产品加工业和政策扶持体系，促进农产品加工业持续稳定健康发展。依据该意见，今后要促进农产品加工业转型升级，实现初加工和精深加工产业布局的转型升级。

(1)推进向优势产区集中布局

根据全国农业现代化规划和优势特色农产品产业带、粮食生产功能区、重要农产品生产保护区分布，合理布局原料基地和农产品加工业，形成生产与加工、科研与产业、企业与农户相衔接配套的上下游产业格局，促进农产品加工转化、增值增效。支持大宗农产品主产区重点发展粮、棉、油、糖加工，特别是玉米加工，着力建设优质专用原料基地和便捷智能的仓储物流体系。支持特色农产品优势区重点发展“菜篮子”产品等加工，着力推动销售物流平台、产业集聚带和综合利用园区建设。支持大中城市郊区重点发展主食、方便食品、休闲食品和净菜加工，形成产业园区和集聚带。支持贫困地区结合精准扶贫、精准脱贫，大力开展产业扶贫，引进有品牌、有实力、有市场的农业产业化龙头企业，重点发展绿色农产品加工，以县为单元建设加工基地，以村(乡)为单元建设原料基地。

(2)加快农产品初加工发展

以粮食、油料、薯类、果品、蔬菜、茶叶、菌类和中药材等为重点，支持农户和农民合作社改善储藏、保鲜、烘干、筛选分级、包装等设施装备条件，促进商品化处理，减少产后损失。

(3)提升农产品精深加工水平

加大生物、工程、环保、信息等技术集成应用力度，加快新型非热加工、新型杀菌、高效分离、节能干燥、清洁生产等技术升级，开展精深加工技术和信息化、智能化、工程化装备研发，提高关键装备国产化水平。适应市场和消费升级需求，积极开发营养健康的功能性食品。

(4)鼓励主食加工业发展

拓宽主食供应渠道，加快培育示范企业，积极打造质量过硬、标准化程度高的主食品牌。研制生产一批传统米面、杂粮、预制菜肴等产品，加快推进马铃薯等薯类产品主食化。引导城乡居民扩大玉米及其加工品食用消费。

(5)加强综合利用

选择一批重点地区、品种和环节，主攻农产品及其加工副产物循环利用、全值利用、梯次利用。采取先进的提取、分离与制备技术，集中建立副产物收集、运输和处理渠道，加快推进秸秆、稻壳米糠、麦麸、油料饼粕、果蔬皮渣、畜禽皮毛骨血、水产品皮骨内脏等副产物综合利用，开发新能源、新材料、新产品等，不断挖掘农产品加工潜力，提升增值空间。

4.安徽省农产品加工产业概况

(1)安徽省农产品产业发展规划

安徽省农业农村厅印发的《安徽省乡村产业发展规划(2021—2025年)》提出，到2025年，安徽省优质农产品保供能力明显增强，农产品加工业营业收入达到1.8万亿元，农产品加工业与农业总产值比达到2.8:1，主要农产品加工转化率达到80%，农业增加值年增长率为2.5%左右，乡村二、三产业增加值年增长率为8%左右，乡村产业总产值达到2.8万亿元。

(2)安徽省农产品积极供应长三角

依据《安徽省人民政府办公厅关于加强长三角绿色农产品生产加工供应基地建设的实施意见》，实施长三角绿色农产品生产加工供应基地建设“158”行动计划。围绕全省粮油、畜禽、水产、果蔬、茶叶、中药材、油

茶、土特产等优势特色产业，开展“一县一业(特)”全产业链创建，构建完善的产业体系、生产体系、经营体系，实现生产基地稳固、加工提档升级、销售渠道畅通。力争到2025年，每个县(含市、区)至少重点培育1个优势主导产业全产业链，建设一批优势特色产业集群；全省建立长三角绿色农产品生产类、加工类、供应类示范基地500个；面向沪、苏、浙地区的农副产品和农产品加工品年销售额达到8 000亿元。

在长三角一体化发展背景下，安徽省农业正在与上海接轨。据安徽省农业农村厅数据，目前安徽30%左右的优质粮油初加工产品销往沪、苏、浙地区，而以农副产品为原料的加工食品销售额达到了3 000亿元。安徽已逐渐成为长三角地区千家万户的“菜篮子”“米袋子”和“果盘子”。

二 我国食品工业发展现状

1.我国食品工业发展概述

“国以民为本，民以食为天。”食品工业是重要的民生产业。新中国成立70多年来，我国建立了门类齐全、品种完备的食品工业生产体系，经济规模不断提升，有效供给能力明显增强，食品质量安全保障体系持续完善，走出了一条具有中国特色的食品工业发展道路。目前，食品工业开始全面进入新阶段。随着我国产业结构的调整，食品标准体系建设、食品学科建设、食品生产加工技术、食品安全法律法规、食品安全监管也在快速推进，不断迈上新台阶，并且不断对接国际食品界，以理念创新、标准创新、技术创新、业态创新为引领，在不少领域取得突破，传递出响亮的“中国声音”。

截至2020年，全国规模以上食品企业主营业务收入已突破15万亿元，已形成一批具有较强国际竞争力的知名品牌、跨国公司和产业集群；食品科技自主创新能力和产业支撑能力显著提高，实现从“三跑并存”、

“跟跑”为主向“并跑”“领跑”为主的转变，食品生物工程、绿色制造、食品安全、中式主食工业化、精准营养、智能装备等领域科技水平进入世界前列。

2.我国食品工业发展趋势

(1)食品工业需要大力推进供给侧结构性改革

随着我国食品工业进一步向营养、健康、方便、美味的方向发展，普通民众已由生存性消费向健康性、享受型消费转变，而食品消费日益呈现营养化、健康化、风味化、休闲化、高档化、多样化、个性化的发展趋势，我国食品工业还需要进一步向营养、健康、安全、多样、方便、美味的方向发展。未来，食品工业需要大力推进供给侧结构性改革，从增品种、提品质、创品牌三个方面推动食品工业转型升级和高质量发展。

(2)健康转型保障食品安全，价值提升推动行业发展

随着消费者对食品种类和品质的要求越来越高，我国食品产业正在经历健康转型、价值提升的发展阶段。近年来，国家对食品安全问题高度重视。而消费者的食品安全保护意识也日益增强，该需求正在倒逼食品企业和行业寻求健康转型，在保障食品安全基础上提升产品价值，寻找市场突破口。

(3)产品升级从正确“三减”开始

未来食品企业需要通过不断推出配料更为健康的产品来满足消费者对于均衡营养膳食的追求。“健康中国 2030”计划和国民营养计划都在倡导膳食营养，在减糖、减盐、减油的“三减”工作中，减盐难度相对较大。目前，在减盐方面已有薄盐酱油产品。

(4)新技术的应用带来高效和高附加值

科技是第一生产力，食品行业主要由农副产品加工、食品制造和饮品生产三部分构成，未来这三部分的持续发展需要不同的科技支持和市

场渠道。对于占比最大的农副产品加工业而言，除了把好食品安全第一关，还要通过技术手段增加农副产品的附加值。目前我国在增加农副产品附加值方面还较为薄弱，加工比例仅为1:2，美国可达到1:3.7，而日本、欧洲国家的加工比例可以达到1:5。未来，我国食品加工产业需要与现代化、智能化、数字化接轨，同时利用互联网开通市场渠道，让电商经济为偏远地区农产品进入市场助力。对于饮品行业来说，过去20年碳酸饮料在饮品市场中的份额从80%降至目前的13%。饮品行业不断向天然、营养、健康的产品方向转型，主打健康概念的茶饮料、乳饮料、蛋白饮料产品越来越丰富，也逐渐获得了消费者的认可。

第二章 农产品与食品加工共性技术

目前，农产品与食品加工技术较多且较为复杂，尚缺少较为系统的分类。本章重点介绍超细微粉碎技术、微胶囊造粒技术、膨化与挤压技术、分离与提纯技术、干燥加工技术、灭菌加工技术、贮藏与保鲜技术及包装与储运技术等农产品与食品加工共性技术及其应用特性，旨在为广大农业科技工作者提供技术参考。

第一节 超细微粉碎技术

一 超细微粉碎技术概述

超细微粉碎技术是近几十年来开始发展的一项新兴技术。通过该技术，被加工的颗粒物质可以细化，物理化学性能发生特殊的变化，进而具有了某些特殊的理化性能。目前，超细微粉碎技术已被广泛地应用于化工、轻工、食品及生物医药等诸多领域。

1.超细微粉碎技术简介

超细微粉碎技术是指利用机械或流体动力的方法克服固体内部凝聚力，使之破碎，从而将一定大小的物料颗粒粉碎至微米甚至纳米级大小的加工技术。根据粉碎加工技术的深度和粉碎体物料物理化学性质及应用性能变化，粉体物通常可分为微粉（10~1 000 微米）、超微粉（0.1~

10 微米)和超细微粉(0.001~0.1 微米)三种。目前,就农产品及食品超细微粉碎加工而言,一般物料粉碎粒度通常控制在 0.1~10 微米范围内。

2.超细微粉碎技术的作用

超细微粉碎技术应用在农产品与食品中，通常能使产品品质得到有效提升。

(1)可以使食品具有独特的物理化学性能

由于粉体颗粒的微细化导致其表面积和孔隙率增加,因而超微粉具有良好的分散性、吸附性、亲和力、溶解性等品质特性,进而具有良好的固香性、分散性和溶解性,有利于被消化吸收。

(2)可以改善食品的口感

颗粒的微粉化使得产品口感更佳,因而提升了产品的口感。

(3)使食品成分被充分利用

一些动植物的不可食用部分,如骨、壳、纤维等也可通过超细微粉碎技术促进其被吸收利用,有效扩大副产物的应用范围。

(4)改进或创新食品

如目前市售的抹茶类产品等，就是对茶叶产品利用形式的创新,将传统“饮茶”改为现代“吃茶”的新形式,进而可开发抹茶系列新产品。

二 超细微粉碎加工方法

1.干法粉碎

干法粉碎可分为气流粉碎、球磨粉碎和振动磨粉碎。

(1)气流粉碎

气流粉碎主要利用空气、蒸汽或其他气体通过具有一定压力的喷嘴,产生巨大的湍流和能量转换流,使物料颗粒在高能气流作用下被悬浮输送,颗粒相互之间发生剧烈的冲击、碰撞和摩擦作用,加上高速喷射气流对颗粒的剪切冲击作用，使得物料颗粒得到充足的研磨而被粉碎成超微粒子，同时进行均匀混合。由于预粉碎的食品物料大多熔点较低或者不耐热，故气流粉碎通常使用空气。被压缩的空气在粉碎室中膨胀，产生的冷却效应与粉碎时产生的热效应相互抵消。

气流粉碎的特点：

①粉碎比大，粉碎颗粒成品的平均粒径较小，一般在5微米以下；

②粉碎设备结构紧凑、磨损小且容易维修，但通常动力消耗较大；

③在粉碎过程中可分级，粗粒由于受到离心力作用不会混到细粒成品中，有利于成品粒度均匀一致；

④压缩空气或过热蒸汽膨胀时会吸收很多能量，产生制冷作用，造成较低的温度，所以对热敏性物料的超微粉碎有利；

⑤易实现多单元联合操作，也易实现无菌操作，卫生条件好。

（2）球磨粉碎

球磨粉碎主要利用水平回转筒体中的球状或棒状研磨介质进行粉碎，由于受到离心力的影响而产生冲击和摩擦等作用力，达到对物料颗粒粉碎的目的。

球磨粉碎的特点：

①结构简单、设备可靠，易磨损的零构件的检查更换比较方便；

②粉碎效果好，粉碎比大，应用范围广，适应性强，能处理多种物料，符合工业化大规模生产的要求；

③能与其他单元操作相结合，可与物料的干燥、混合等操作结合进行，且干法、湿法处理均可；

④缺陷是粉碎周期长、效率低且单位产量的能耗大，研磨介质易磨损破碎，操作时噪声相对较大。

(3)振动磨粉碎

振动磨粉碎主要利用球状或棒状研磨介质在高频振动时所产生的冲击、摩擦和剪切等作用力,来实现对物料颗粒的超微粉碎,并同时起到混合与分散作用。干法、湿法处理均可,且间歇或连续工作均可。

振动磨粉碎的特点:

①振动频率高,生产能力相对较强,产品细度较高;

②结构简单,加工成本相对较低,使用范围较为广泛且生产效率高。

2.湿法粉碎

湿法粉碎通常有胶体磨粉碎以及均质机粉碎等加工方式。

(1)胶体磨粉碎

胶体磨的主要工作构件由磨体(定子)和转子组成。其工作原理如下:当物料通过间隙时,由于转子的高速旋转,使附着于转子上的物料速度达到最大值,而附着于定子面的物料速度为零,这样产生较大的速度梯度,从而使物料受到强烈的剪切、摩擦,形成良好的物料超微粉碎作用效果。

胶体磨粉碎的特点主要表现为以下几点:

①可在极短时间内实现对悬浮液中的固形物的超微粉碎,同时兼有混合、搅拌、分散和乳化作用;

②可以通过调节两磨体间隙达到控制成品粒径的目的;

③结构简单,操作方便,占地面积小,效率和产量高。

(2)均质机粉碎

均质机的工作部件为均质阀。其工作原理如下:利用高压物料在阀盘与阀座间流过时产生的较大速度梯度而达到粉碎的目的。其速度梯度以缝隙的中心为最大,而附着于阀盘与阀座上的物料速度为零。由于急剧的速度梯度产生强烈的剪力,液滴或颗粒因而发生变形和破裂,实现微粒化。

均质机粉碎的物料的微细化程度相对更好。一般压力越高，细化效果也越好。此外，均质机主要利用物料间的相互作用，导致物料粉碎过程中的发热量较小，因而能保持物料营养品质和性能基本稳定。然而，其粉碎能耗通常较大，器件易损耗，尤其不适宜粉碎黏度较大的物料，通常多应用于乳制品的均质。

三 超细微粉碎技术的应用

1.粮油加工

将超细微粉碎的麦苗粉、大豆微粉等加到面粉中可制成高纤维或高蛋白面粉；稻米、小麦等粮食加工成超微米粉后，由于颗粒细小，表面态淀粉受到活化，将其填充或混配到食品中，制成的食品具有优良的加工性能，且易于熟化，风味、口感好；大豆经超细微粉碎后加工成豆奶粉，可以脱去腥味；绿豆、红豆等其他豆类也可通过超细微粉碎制成高质量的豆沙、豆奶等产品。

2.果蔬加工

果蔬在低温下磨成微细粉，既保存了其中的营养素，其纤维质也因微细化而使得产品口感更佳。利用超细微粉碎对果蔬类植物进行深加工制成的产品种类繁多，如枇杷叶粉、红薯叶粉、桑叶粉、银杏叶粉、茉莉花粉、月季花粉、甘草粉、脱水蔬菜粉、辣椒粉等。

3.畜禽及水产品加工

加工畜禽副产品，如骨、壳等经超细微粉碎制成超微骨粉并配制的富钙饮品等，可扩大产品应用形式。若用气流粉碎技术将鲜骨多级粉碎加工成超微骨泥(或骨泥经脱水制成骨粉)，既能有效保持其中的营养素，又能提高其吸收率。骨粉(泥)还可作为添加剂，制成高钙高铁的骨粉

(泥)系列食品,具有独特的保健功能。

水产品中螺旋藻、海带、珍珠、龟鳖壳、鲨鱼软骨等的超微粉具有独特的优点。例如,在低温和严格的净化气流条件下瞬时粉碎珍珠,可以得到平均粒径10微米以下的超微珍珠粉。与传统加工方法相比,此法充分保留了珍珠的有效成分,其钙含量高,可作为药膳或食品添加剂,制成补钙营养品。

4.软饮料加工

利用气流粉碎技术已开发出的软饮料有茶粉、豆类固体饮料等产品。将茶叶在常温、干燥状态下制成茶粉,可提高人体对其营养成分的吸收率。将茶粉加到其他食品中,还可开发出新的茶制品。植物蛋白饮料是以富含蛋白质的植物种子和果核为原料,经浸泡、磨浆、均质等操作制成的乳状制品。磨浆时,用胶磨机将其粒径磨至5~8微米,再将其均质至1~2微米。在这样的粒度下,蛋白质固体颗粒、脂肪颗粒变小,从而防止蛋白质下沉和脂肪上浮。

第二节 微胶囊造粒技术

一 微胶囊造粒技术概述

1.微胶囊造粒技术简介

微胶囊造粒技术指将固体、液体或气体物质包裹在半透明或密闭的微型胶囊内的技术。其中,被包埋的物质叫芯材,包括香精、香料、酸化剂、甜味剂、色素、脂类、维生素、矿物质、酶、微生物、气体以及其他各种添加剂等。包埋芯材实现微胶囊化的物质叫壁材。通常油溶性囊心物需选水溶性包囊材料，水溶性囊心物则选油溶性包囊材料。芯材可以是一种物质，也可以是多种物质，形成单核、多核或多核无定形状态。囊壁有单层、多层等不同壁层，形成微胶囊簇和复合微胶囊。

2.微胶囊造粒技术的作用

（1）粉末化，将气体、液体原料固体化。

（2）提高一些易氧化、易见光分解、易受温度或水分影响的物质的稳定性，控制芯材的释放速度。

（3）隔离活性成分或掩味及改善风味、口感，防止风味成分的挥发，减少风味损失等。

（4）使不相溶成分均匀地混合，从而使其稳定在一个物系中。

二 微胶囊造粒方法

1.喷雾干燥法

（1）加工原理

主要是将芯材分散在已液化的壁材中，使二者混合均匀，并将此混合物经雾化器雾化成小液滴，此小液滴的基本要求是壁材必须将芯材包裹住。然后，在喷雾干燥室内使之与热气流直接接触，使溶解壁材的溶剂瞬间蒸发而被除去，促使壁膜的形成与固化，最终形成一种颗粒粉末状的微胶囊产品。

（2）加工特点

①适合于热敏性物料的微胶囊造粒；

②工艺简单，易实现工业化流水线作业，生产能力强，成本低。

2.挤压法

主要通过压力模头将物料挤成细丝状，然后在搅拌杆作用下，将细丝打断成细小的棒状颗粒。其中芯材基本上在低温下操作，故适合于热不稳定物质的包裹。挤压法通常应用于香精、香料、维生素 C 等物料的微胶囊造粒。

三 微胶囊造粒技术的应用

1.微胶囊化香料

微胶囊化可有效控制风味物质的挥发，控制香味物质的释放速度。另外，将液体香料通过微胶囊化转变成固态，大大提高了产品的稳定性，拓宽了其适用范围，从而降低了其挥发性，提高其抗氧化能力和水溶性，进而使其在食品加工中能更好地分散于各种食材中。微胶囊化技术已被广泛用于许多液体香料中，如薄荷油、柠檬油、花椒油、香辛料精油等，使保香率得以提高。

2.微胶囊化营养强化剂

食品中需要强化的营养素主要有氨基酸、维生素和矿物质等，这类物质在加工或贮藏过程中，易受外界环境因素的影响而丧失营养价值或使制品变色、变味。如微胶囊碘剂具有稳定性好、成本低、碘剂使用效率高等优点，既可用于加碘盐、碘片中，又可用于其他食品、保健品和药品中，微胶囊碘剂的应用将产生良好的经济效益与社会效益。

3.微胶囊化功能活性物质

功能活性物质大多性质不稳定，极易受光、热、氧气、pH 等因素变化的影响，或易与其他配料发生反应，进而会失去功能活性或保健功能。而应用微胶囊技术，可使生理活性物质在贮藏期内保持功能活性，并发挥其营养和保健价值。

4.微胶囊化抗氧化剂

微胶囊化抗氧化剂可提高产品的热稳定性，还可通过各抗氧化剂单体之间以及与金属离子螯合剂之间的协同增效作用，使油脂的抗氧化能力显著提高，是应用于油脂及高温油炸食品的一种较安全、高效且成本较低的抗氧化剂。

第三节　膨化与挤压技术

一　膨化与挤压技术概述

食品膨化技术在我国有着悠久的历史，我国民间的爆米花及各种油炸食品都属于膨化食品。目前，膨化技术作为一种食品生产技术，正逐步在食品工业中，特别是在休闲膨化小食品的生产中得到广泛的应用。而食品挤压技术通常指将食品物料经预处理（粉碎、调湿、混合）后，置于挤压机中，通过机械作用强制其通过一个专门设计的孔口（模具），进而形成一定形状和组织状态产品的加工技术。

1.膨化与挤压食品简介

膨化食品是指以谷物、薯类或豆类、蔬菜等为主要原料，经加湿（调整水分）、焙烤、油炸等高温处理后，迅速降低压力，使其体积膨胀若干倍，且内部组织呈多孔海绵状，最终形成具有一定膨化度、体积明显增大，且具有一定酥松度的食品。而挤压食品是食品或物料在压力作用下，定向地通过一个模具，连续制成的全熟或半熟、膨化或非膨化食品。

2.膨化与挤压食品类型

（1）膨化食品按生产工艺不同的分类

①油炸型膨化食品。原料经过食用油脂煎炸或用调味的植物油喷洒、浸渍和干燥等方式而制成的膨化食品。

②非油炸型膨化食品。原料经膨化器加湿（调整水分）、挤压、焙烤和调味（或不调味）等而制成的膨化食品，比如挤压膨化食品、气流膨化食品、焙烤膨化食品及微波膨化食品等。

(2)膨化食品按原料不同的分类

①淀粉类食品，如玉米、大米和小米等；

②蛋白类食品，如大豆及其制品；

③淀粉和蛋白类混合的食品，如虾片和鱼片；

④果蔬类膨化食品，如香菇脆片等。

二 膨化与挤压加工方法

1.单（双）螺杆挤压膨化

单（双）螺杆食品膨化机是由料斗、机筒、单（双）螺杆、预热器、压模、传动装置等部分组成的，可利用螺杆的挤压作用，一次性完成原料的熟化、破碎、杀菌、预干燥和膨化成型等工艺而制成膨化食品。该加工工艺简单，能耗低，具有多功能、高产量、高品质的特点，在细化粗粮、改善粗粮口感、钝化不良因子、提高蛋白消化率等方面具有重要作用。挤压膨化后的产品种类多，营养成分保存率和消化率高且食用方便。

2.气流膨化

气流膨化设备由膨化罐体、加热装置、传动装置、安全保护装置、减振装置、机架、底座等几个部分组成，是在传统火烧膨化罐的基础上进行技术改造而成的。和传统小气流膨化罐相比，其产量提高了4~6倍，安全系数也大为提高，同时降低了操作者的劳动强度和能源消耗。研究发现，大米、小米、小麦、青稞、苦荞、玉米、高粱、薏仁、荞麦、豆类等含淀粉的物料均可膨化。目前食品制造厂家主要将气流膨化用于米花糖、豆粉、苦荞麦片、苦荞茶等休闲食品的生产。

3.真空低温油炸膨化

传统油炸膨化通常是将食品置于热油中，其表面温度迅速升高，表面形成一层干燥层，干燥层具有多孔结构，油炸过程中水和水蒸气从孔隙中迁移出，进而形成膨化食品。而真空低温油炸是一项新的食品加工技术，具有许多独到之处和对加工原料的广泛适应性。真空低温油炸是在真空的条件下，食品中水分汽化的温度降低，食品在短时间内迅速脱水，实现在真空、低温条件下对食品的油炸。目前利用该技术开发出的真空油炸食品有苹果、猕猴桃、柿子、草莓、葡萄、香蕉等水果类，胡萝卜、南瓜、西红柿、四季豆、甘薯、土豆、大蒜、青椒、洋葱等蔬菜类，蚕豆、青豆、豌豆等干果类。

除上述三种常用膨化方法外，还有微波膨化、变温压差膨化等食品膨化加工新技术。

三 膨化与挤压技术的应用

1.双螺杆挤压复合方便粥产品

以碎米、大豆蛋白粉、藜麦、黑豆、燕麦、黑米为原料，通过双螺杆挤压，可做成高蛋白、高膳食纤维的方便粥。

(1)工艺流程

筛选优质原料→分别粉碎、过筛(60目)→按比例混匀→挤压膨化→烤炉干燥(160℃,15秒)→冷却→包装备用。

(2)工艺参数

通过预试验将挤压膨化机(FWHE36–24型双螺杆挤压机)的温区Ⅱ区、Ⅲ区、Ⅳ区、Ⅴ区、Ⅵ区温度分别设为60℃、100℃、140℃、160℃、180℃，进水量设为15%，螺杆转速设为240转/分。

（3）最优配方

以碎米粉50%、大豆蛋白粉14%、藜麦粉20%、黑豆粉5%、燕麦粉5%、黑米粉6%为原料配方，经过挤压膨化处理后的方便粥组织形态有较大的改变。该方便粥口感细腻，冲泡性能较好，且蛋白质和膳食纤维含量均达到较高水平。

2.油炸膨化杏鲍菇休闲食品

主要以杏鲍菇为原料，添加适量的β-环状糊精、复配膨松剂、红薯淀粉、绵白糖、食用盐、水混合搅拌均匀，制成粉浆，熟化后自然干燥成粉皮，通过油炸膨化获得杏鲍菇膨化休闲食品。

（1）工艺流程

材料挑选→清洗切丁（2%氯化钠溶液护色）→添加与杏鲍菇重量相当的水，打浆→原辅料预混→熟化→干燥→油炸→脱油→制品。

（2）操作要点

①清洗切丁：杏鲍菇菌肉肥厚，质地脆嫩，菌柄组织致密、结实，呈乳白色，新鲜。清洗沥干，切成5毫米见方的丁，用2%氯化钠溶液护色。

②打浆：杏鲍菇100克，加100克水，用匀浆机打浆1分钟，得到均匀、细腻的杏鲍菇浆。

③原辅料预混、熟化、干燥：将原辅料混合，添加50克水搅拌均匀，制成粉浆，倒入不锈钢圆盘中，厚1~2厘米，在沸水锅中加热10~15秒至粉浆凝固成型，取出浸入15℃水中冷却形成半透明的粉皮，在25℃左右的环境中自然干燥约16小时。

④油炸、脱油：用多功能电热锅将油加热至180~190℃，将干燥的粉皮油炸10~15秒，待色泽均匀、口感酥脆时捞出。沥油10分钟，得外形完整、风味适中、膨化程度较好的杏鲍菇膨化休闲食品。

(3)最优配方工艺

以红薯淀粉质量为基准,杏鲍菇浆添加量100%,复配膨松剂添加量4%,β-环状糊精添加量0.3%,食用盐添加量2%,绵白糖添加量2%,水添加量50%,混合搅拌均匀,制成粉浆熟化;在室温25 ℃的环境中自然干燥16小时制成粉皮,在180~190 ℃的玉米油中炸制。

3.微波膨化虾粉休闲食品

将虾壳粉添加到低筋小麦粉、糯米粉、土豆淀粉的混合粉中,利用微波膨化技术可制成虾条脆片膨化产品。微波膨化的优点是加热速度快、受热时间短,且不增加食品的油脂,能较好地保留制品原有的风味。

(1)工艺流程

虾壳→干燥→机械破碎→超细微粉碎→加辅料混合→加水调浆→压面机压成薄片→切成薄片(3厘米×1厘米)→微波膨化→取出冷却→成品。

(2)操作流程

将虾壳置入鼓风干燥机烘干后,先机械粉碎,再超微粉碎30分钟,得到虾壳粉。将虾壳粉加入配好的配料(低筋小麦粉、土豆淀粉、糯米粉)中,再加入5%的食盐、5%的白砂糖混合均匀,加入一定比例的水,和面成型,再放入微波炉中膨化。

(3)最优工艺

微波功率468瓦、切片厚度1.9毫米、虾粉添加量3.1%,在该条件下制得的虾条微波膨化脆片颜色微红、质地酥脆、口感良好,并保留了虾特有的风味。

第四节　分离与提纯技术

一　分离与提纯技术概述

传统的农产品与食品分离与提纯主要包括物理分级、浸提、离心、沉淀、压榨、结晶等，而现代食品分离技术主要研究食品工业生产中较为成熟的各种高新分离技术，如膜分离技术、超临界流体萃取技术、分子蒸馏技术、离子交换与色谱分离技术、冷冻干燥分离技术，以及这些技术在食品生产中的综合应用。

二　传统分离与提纯技术

1.沉淀分离

沉淀分离通常是指向混合液中加入沉淀剂，或改变混合液的pH与温度等参数，使得待分离物质以无定形非结晶的沉淀物析出而得到分离的方法。比如利用等电点沉淀法可以提取谷氨酸，利用加热法可使蛋白质变性而沉淀下来。

2.过滤分离

过滤分离主要利用孔隙过滤原理，在压力作用下，使得小于孔隙的液体流过，大于孔隙的颗粒被阻隔，从而使相对密度不同的液体与液体中固体颗粒得以分离。硅藻土是较为常用的过滤物质，其应用范围较广，可用于饮料和酒的澄清，也可用于食用油脂生产、水处理、制糖等。

3.离心分离

悬浊液或乳浊液通常因固体颗粒沉降过慢而难以采用重力沉降法

分离，而采用离心法分离可加速固体颗粒的沉降速度，从而在较短时间内实现固液分离的效果。农产品应用离心分离较为常见，比如制糖工业中的砂糖分离，制盐业中的晶盐脱卤，淀粉工业中的淀粉与蛋白质分离，油脂工业中的食用油精制，以及啤酒、果汁、饮料澄清等均会使用离心分离技术。

4.溶剂浸提

浸提是指将溶剂加入固相或液相混合物中，使其中所含组分溶出，从而使混合物得到完全或部分分离的过程。浸提技术在农产品与食品加工中的应用非常广泛，比如食用油、香精、香料等的浸提应用。

5.蒸馏分离

蒸馏是分离液体混合物的典型加工方式。通过加热使液体汽化，再使蒸汽液化，从而除去其中的杂质，达到有效分离的目的。蒸馏分离按压力的不同通常可分为常压蒸馏、加压蒸馏和减压蒸馏等形式。分子蒸馏是一种在高真空下操作的蒸馏方法，通常具有真空度高、蒸馏温度低、受热时间短、分离程度高的特点。该技术已广泛应用于食品工业，比如混合油脂的分离、鱼油的精制、油脂脱酸等。

三 现代分离与提纯技术

1.膜分离

膜分离是指利用人工合成的高分子膜使溶剂与溶质或微粒隔断，在膜两侧使水与水中成分或水中各类成分之间的运输推动力形成差异，把预去除的成分分离出去的方法。与传统过滤器不同之处是，膜可以在离子或分子范围内进行分离，不需发生相的变化，也不需要添加助剂。膜材料可以是液相、气相、固相的，目前使用的多是固相膜。制造膜的材料多为有机聚合物、陶瓷及其他材料。根据孔径大小，膜分离可以分为微滤膜分离、超滤膜分离、纳滤膜分离、反渗透膜分离等多种分离形式。目前膜分离已应用于食品工业中，比如乳清废水处理、果汁澄清脱色、茶饮料澄清浓缩、天然色素提取液的除杂及浓缩等。

2.超临界萃取

超临界萃取是指利用某些溶剂在临界值以上所具有的特性来提取混合物中可溶性组分的分离技术。超临界萃取通常兼具溶剂萃取和蒸馏提取的双重特点，具有产品纯度高、安全无毒等优势。目前广泛选用二氧化碳作为萃取剂。其萃取原理是在超临界状态下，将超临界流体与待分离的物质接触，使其有选择性地把极性大小、沸点高低和分子量大小不同的成分依次萃取出来，然后借助减压、升温的方法使超临界流体变成普通气体，被萃取物质则基本或完全析出，从而达到分离提纯的目的。目前，超临界二氧化碳萃取在食品工业中的应用十分广泛，比如啤酒花的提取、色素的提取等；在香料工业中，其应用于天然香料及合成香料的精制等。

第五节　干燥加工技术

干燥泛指使物料中所含湿分（水分或其他溶剂）汽化并去除的处理过程。常见干燥方法有晒干、煮干、烘干等，此外还有喷雾干燥、真空干燥、微波干燥以及冷冻干燥等现代干燥加工技术。

一　干燥技术概述

1.喷雾干燥

喷雾干燥通常是指采用雾化器将原料（溶液、乳浊液或悬浮液以及膏状物)分散为雾滴,用热干燥介质(通常是热气流)干燥雾滴而获得产品(可为粉状、颗粒状、空心状或团块状)的一种干燥方法。

喷雾干燥的特点是干燥速度极快,物料热损害小,干制品溶解性和分散性好,且生产过程简单,操作控制较为方便。其缺陷是加工过程的能耗较高、热效率较低。该方法可用于乳粉、蛋粉的生产。

2.真空干燥

真空干燥又叫减压干燥。它是将物料置于密闭的容器中,抽去空气、减压而进行干燥的一种方法。物料通常被置于负压条件下,并适当通过加热达到负压状态下的沸点,或者通过降温使得物料凝固,而后干燥物料。目前,真空干燥技术已广泛应用于保健食品,尤其是天然产物的提取物干燥中,因天然产物中很多成分不耐高温,因此真空干燥得到广泛利用。

3.微波干燥

微波干燥不同于传统的干燥方式。传统的热风、蒸汽等干燥方法均为外部加热干燥法,物料表面吸收热量后,经热传导,热量渗透至物料内部,随即升温干燥。而微波干燥则完全不同,它是一种内部加热的方法。微波进入物料并被吸收后,其能量在物料电介质内部转换成热能。微波干燥是利用电磁波作为加热源、被干燥物料本身作为发热体的一种干燥方式。微波干燥与传统干燥方式相比,具有干燥速率大、节能、生产效率高、干燥均匀、清洁生产、易实现自动化控制和提高产品质量等优点,因而在干燥的各个领域越来越受到重视。微波干燥设备的核心是微波发生器。目前微波干燥多用于食品、农副产品等行业的干燥,也可用于食品、农副产品等的杀菌。

4.冷冻干燥

冷冻干燥简称冻干。冻干技术通常采用的是真空冷冻干燥,是先将湿物料或溶液在较低的温度下冻结成固态，然后在真空下使其中的水分不经液态直接升华成气态，最终使物料脱水。该技术的优点是，在低温下进行，对于许多热敏性物质尤其适用，比如蛋白质、微生物等，其在低温下不会发生变性或失去生物活力，食品的营养成分和风味损失很少，可以最大限度地保留物料原有的成分、色泽和风味。因此，该技术在食品及生物医药等领域得到了广泛应用。然而，该技术设备的投资和运转费用高，冷冻干燥过程长，产品成本也相对较高。

二 干燥技术的应用

1.喷雾干燥法加工山药山楂复合固体饮料

采用喷雾干燥法，以山药和山楂为原料，β-环状糊精为助干剂，可加工山药山楂复合固体饮料。

(1)工艺流程

原料选择→清洗→去皮、切片→护色→混合打浆→调配→均质→喷雾干燥→成品。

(2)操作要点

①原料选择、清洗：选择无褐变、无机械损伤的新鲜山药和山楂大果，采用流动水清洗，去除表面污垢并沥干；

②去皮、切片：山药和山楂大果采用人工方式去皮，并去掉山楂的果核，再将山药和山楂大果均切成3~5毫米厚的薄片；

③护色：将山药薄片和山楂大果薄片均放入浓度为0.5%的食盐溶液中进行10~15分钟护色处理；

④混合打浆：将等质量的山药薄片和山楂大果薄片置于调理机中，加入一定量的蒸馏水，接着进行混合打浆8分钟；

⑤调配、均质：往山药、山楂大果混合浆液中加入浓度为1.0%的卵

磷脂、浓度为 2.0%的白砂糖及一定量的 β-环状糊精进行调配，然后以 6 000 转/分做均质处理 12 分钟；

⑥喷雾干燥：采用高速离心喷雾干燥机（DFRD–5 型），设定雾化器转速 2 000 转/分，进行混合浆液喷雾干燥；

⑦成品：喷雾干燥所得固体饮料成品易吸湿受潮，故冷却至室温后应及时装入密封包装袋，放于干燥、密闭处保存。

（3）工艺参数

在物料固液比 1∶3、进风温度 190 ℃、进料速度 30 转/分、β-环状糊精添加量 4%的条件下喷雾干燥效果相对较好，山药、山楂大果固体饮料出粉率可高达 19.26%。

2.真空干燥技术烘干胡萝卜

真空干燥技术可用于烘干胡萝卜，可为深度开发胡萝卜干制产品提供技术参考。

（1）工艺流程

原料选择→清洗→分选→修整→切片→烫漂→沥水→干制→成品。

（2）操作要点

选择新鲜的胡萝卜，要求色泽鲜艳，香气浓郁，形态完整。用流动水清洗干净后按照大小、色泽分级，用刀切除头尾后去皮，胡萝卜切片厚度为 2 毫米；采用热水烫漂 2~10 秒钟，沥干水分，整齐地摆放在不锈钢托盘中，采用真空干燥箱进行干制。

（3）干燥工艺

采用真空干燥设备（DZF 型真空干燥箱），设定条件为真空度 0.07 兆帕、干燥时间 6 小时、干燥温度 65℃时获得的产品品质较好。

3.真空冷冻干燥刺梨果块

刺梨营养丰富，具有较高的食用、药用价值，然而其营养成分具有较强的热不稳定性，为最大限度保留刺梨鲜果块的营养，可采用真空冷冻干燥技术，通过选择变温压差膨化干燥设备(ZG-25 型真空冷冻干燥机)获得果块冻干产品。

(1)工艺流程

原料选择→原料预处理→预冻→干制→成品。

(2)操作要点

①刺梨果预处理：将清洗好的刺梨鲜果进行切块处理，切块时将刺梨果统一切成 4~6 毫米见方的鲜果块。

②预冻：清洁冻干机托盘，在托盘上均匀铺上切好的刺梨果块，再将托盘置于预冻库中，实施快速冷冻处理。将预冻库的预冻温度设置为低于-30 ℃，在刺梨果块预冻温度低于-30 ℃后，继续预冻超过 1.5 小时，保证刺梨果块的所有水分被冻结。

③升华干燥：准备真空冷冻干燥机，转换冷媒实施捕水器制冷处理，确保捕水器温度降低到-50 ℃左右。将预冻完成的刺梨果块转移至冻干仓区域，观察真空冷冻干燥机的真空度数值，在升华干燥 3 小时后，控制加热板升温，要求其温度缓慢提升，直到真空度为 30~60 帕，持续处理 8~9 小时。

④解析干燥：升华干燥处理后，刺梨果块内无冻结冰，但仍存在少量水分。为降低刺梨果块的水分含量，确保其含水量符合标准要求，对其实施解析干燥处理。观察真空度变化，缓慢提升加热板温度，直到真空度维持在 10~30 帕，温度低于 50 ℃，持续处理，直到冷冻干燥结束。

(3)干燥工艺

食品加工企业可按照刺梨鲜果处理、预冻、升华干燥、解析干燥流程进行真空冷冻干燥处理，处理时装料量约为 200 千克，冷冻干燥时间为 16.5 小时，便可获得优质刺梨鲜果块干燥食品。

第六节 杀菌加工技术

杀菌是农产品与食品加工中的重要环节。通过杀灭农产品与食品中的腐败菌和致病菌,可以从源头上保障产品质量安全。而科学利用杀菌技术可以有效避免农产品与食品被微生物污染,进而延长产品的保质期。通常杀菌技术可分为热杀菌和非热物理杀菌以及化学杀菌,比如微波杀菌、超高压杀菌、化学药剂杀菌、脉冲强光杀菌、辐射杀菌、过滤除菌及加热与其他手段相结合的杀菌技术等多种处理方式。

一 热杀菌技术

热杀菌是以杀灭微生物为主要目的的热处理方式,而湿热杀菌是其中最主要的方式之一,它是以蒸汽、热水为热介质,或直接用蒸汽喷射式加热的杀菌法。热杀菌技术是发展最早,也是最为有效、简便且应用最广的传统杀菌方法。

1.高温杀菌技术

高温杀菌技术是指对食品进行 100 ℃以上、130 ℃以下的杀菌处理,主要应用于 pH>4.5 的低酸性食品。高温杀菌主要有间接式和连续式两种杀菌工艺。高温杀菌在罐头领域有很好的应用,既能保证罐头的风味,又能极大延长保质期,最长可达两年。由于高温长时间作用通常会影响食品的品质与风味,因而高温杀菌在食品领域的应用受到限制。但是某些食品经高温杀菌后,其货架期明显延长且品质保持基本不变,比如中式酱卤鸡经高温杀菌处理后,在常温且不添加任何防腐剂的情况下,产品可以保存 180 天。

2.超高温瞬时杀菌技术

超高温瞬时杀菌是指在温度为135~150 ℃的环境中保持2~8秒，再迅速冷却到30~40 ℃的杀菌处理方式。这个过程中微生物细菌的死亡速度远比食品受热质量发生劣变的速度快，因此，超高温瞬时杀菌能够实现食品的高效灭菌，同时几乎不改变食品原有的品质与风味。超高温瞬时杀菌通常应用于流体或半流体食品，比如乳制品，超高温瞬时杀菌能够更好地保持乳制品原有的口感。此外，超高温瞬时杀菌是处理最易受高温影响风味、口感的果汁的不错的方法。该技术可应用于饮料、罐头或方便面等食品的高温、高压杀菌，具有设备操作方便、安全可靠等优点。

二 非热物理杀菌技术

与热杀菌技术相比，非热物理杀菌技术更符合天然健康食品加工理念，具有显著优点。比如杀菌条件易于控制，不易受外界环境的干扰；不易使菌体产生耐受性；在低温或常温下达到杀菌目的，能够很好地保留食品的风味，且能改善食品质构等。

1.超高压杀菌技术

超高压杀菌技术采用100兆帕以上的压力处理食品，达到杀菌、灭酶和改善食品功能特性的目的。由于超高压杀菌是在常温或较低温度下灭菌，从而保证食品的营养成分和感官特性不被改变，因此超高压杀菌成为冷杀菌技术中商业化应用较为成功的一种杀菌技术。比如利用超高压杀菌制得的乳制品可以很好地保留原奶的营养和风味，且保质期长达120天。然而，超高压杀菌对设备密封性和强度均有较高要求，存在设备投资成本高和设备耗材寿命短等缺陷。

2.紫外线杀菌技术

紫外线杀菌利用大多数微生物受短波紫外线（200~275 纳米）照射时，微生物细胞死亡的特性，达到杀菌消毒的效果。波长为 253.7 纳米时，紫外线的杀菌作用最强。紫外线杀菌具有操作简单、无残留毒性、价格低廉等优点。然而，由于紫外线的穿透能力较差，因此目前主要适用于食品生产场所、食品表面及包装材料的杀菌。

3.辐射杀菌技术

辐射杀菌是利用高能射线（γ 射线、电子射线）照射进行杀菌。微生物受照射后，吸收能量，引起分子或原子电离激发，产生一系列物理、化学和生物学变化而导致微生物死亡，达到杀菌消毒的效果。γ 射线的穿透力很强，适用于完整食品及各种包装食品的内部杀菌处理；电子射线的穿透力较弱，一般用于小包装食品或冷冻食品的杀菌，特别适用于食品的表面杀菌处理。目前普遍使用低剂量辐射处理土豆和葱头，以实现抑制其发芽的效果，具有成本低且效果好等优点。然而，其设备投资大且维护成本高，因此辐射杀菌更适合于附加值较高的食品。

4.微波杀菌技术

微波杀菌主要利用波长为 0.01~1.00 米的电磁波杀灭细菌繁殖体、真菌、病毒和细菌芽孢，达到杀菌消毒的效果。微波杀菌作为现代杀菌新技术，具有杀菌时间短、速度快，保留产品天然品质效果好，可表面和内部同时消杀，设备简单、易控制、节约能源等诸多显著优点。

5.超声杀菌技术

超声波是指频率高于 20 千赫的机械波，具有方向性强、穿透性强及在液体中引起空化的强烈机械作用等特点。超声波杀菌通过在液体中产生的局部瞬间温度与压力变化，破坏细胞壁，使细菌死亡，达到杀菌消毒的效果。超声杀菌与加热等其他杀菌方法连用，可以有效缩短杀菌处理时间，提高杀菌效果，且在杀灭微生物的同时能够最大限度地保留食品中的营养成分。比如蓝莓汁超声预处理的杀菌率可达到64%，与低温配合杀菌可以极大限度地保证蓝莓汁的品质。

6.高压脉冲电场杀菌技术

高压脉冲电场杀菌技术利用两电极间产生瞬间短时高压（15~100千伏/厘米），以脉冲频率为1~100千赫的脉冲电场作用，达到杀菌消毒的效果。高压脉冲电场杀菌技术通常在常温下、几十毫秒内即可完成食品杀菌处理。该技术适合热敏性食品杀菌，尤其适用于液体和半固体食品的加工和保存。该杀菌技术成本低、效果显著，是目前食品杀菌中先进的技术手段之一，在食品杀菌领域应用前景广阔。

7.微滤除菌技术

微滤以静压差为推动力，利用膜的筛分作用进行分离，达到杀菌消毒的效果。微滤具有孔径均一、绝对过滤的特点。微滤除菌技术可用于液体食品除菌和分离微米及亚微米级的细小悬浮物、污染物等。微滤通常在常温下进行，特别适用于热敏感物质的除菌，能够有效保持产品的色、香、味和营养成分。另外，膜过滤能耗较低，操作简单且易实现自动化控制。该除菌技术被广泛应用在酒、果汁饮料、牛奶的生产中。

三 化学杀菌技术

化学杀菌是指利用化学与生物药剂杀死或抑制微生物生长繁殖的杀菌技术。化学杀菌应用相对较早且较为成熟，其在食品领域的应用主要是直接用于食品或对食品生产过程进行消毒。目前，化学杀菌已成为食品工业中抑制微生物繁殖的关键环节。

1.氯类杀菌剂

氯类杀菌剂具有杀菌谱广、成本低、毒性较低等优点。食品领域常用的氯类杀菌剂主要有酸性电解水(主要杀菌成分为次氯酸、次氯酸根、氯气)、次氯酸及其盐类(主要为次氯酸钠)、二氧化氯(包括气态和液态两种形式)以及可再生的N-卤胺杀菌剂。比如,利用次氯酸钠处理鲜切山药就可表现出良好的杀菌效果。

2.氧化剂类杀菌剂

氧化剂类杀菌剂包括一些含有不稳定结合态氧的化合物，如臭氧、过氧化氢和过氧乙酸等。该类杀菌剂一般具有强氧化能力，是广谱、速效、高效的杀菌剂。由于氧化剂类杀菌剂直接添加到食品中杀菌易影响食品品质,因而目前主要用于食品生产环境、生产设备、管道、水产品和产品包装消毒或杀菌。

3.天然防腐剂

食品防腐剂的主要作用是抑制食品中微生物的繁殖,达到延长食品保质期的作用。按照来源分为化学防腐剂和天然防腐剂两大类。天然防腐剂是指从植物、动物和微生物的代谢产物中分离提取的一类具有抗菌防腐作用的功能性物质,具有抗菌性强、安全性高、热稳定性好等优点。常见的天然防腐剂有鱼精蛋白、中草药提取物、天然食用辛料植物提取物、壳聚糖和抗菌肽等。

第七节　贮藏与保鲜技术

农产品贮藏与保鲜技术能有效降低农产品的产后损失,增加产品经济价值。以果蔬类农产品为例,果蔬通常不耐贮藏,且该类农产品的生产具有较强的季节性和区域性,而消费者对果蔬需求的新鲜性、迫切性也凸显贮藏与保鲜技术的重要性。影响果蔬贮藏品质的主要因素通常包括呼吸作用、微生物、水分、温度和气体环境等,可通过物理或化学及生物保鲜处理技术,比如低温及气调保鲜、化学保鲜、涂膜保鲜及超声保鲜等贮藏保鲜技术,延长产品的贮藏期或货架期。

一 物理保鲜技术

1.低温贮藏及速冻保鲜技术

控制呼吸作用是延长果蔬贮藏期、保证产品品质的关键。适当低温能有效抑制内源乙烯的释放,有利于保持果蔬生理代谢与营养物质的相对平衡和稳定,延长其贮藏时间。比如猕猴桃的冷藏温度维持在0~4 ℃时,保鲜期在6个月左右。

速冻技术是将农产品及食品在很短时间内进行快速降温，一般是在-18 ℃。由于速冻产品生产采用低温急冻工艺,因而很好地避免了缓慢冰冻过程造成营养的流失，能最大限度地保持农产品与食品原有的色、香、味和营养成分。近年来,速冻食品发展迅速,通常速冻食品具有营养价值高、卫生条件好、方便、快捷等优点,未来前景极为广阔。

2.气调贮藏技术

气调贮藏通过调节贮藏环境中的气体组分(主要是氧气、二氧化碳和乙烯)的浓度来抑制果蔬的呼吸作用,延缓养分降解等生理过程,达到延长贮藏期的目的。比如利用气调可保鲜鲜藕切片,通过二氧化碳气调包装鲜切藕片可获得较好的贮藏品质,该技术可为莲藕及其鲜切产品的储运品控提供产业化参考。目前该技术应用领域十分广泛,除果蔬贮藏保鲜外,还涉及生肉、熟肉制品,水产品,干制食品,休闲食品及调理食品等主要食品类别。

3.减压贮藏技术

减压贮藏保鲜技术通过降低果蔬贮藏环境中的气压和氧气浓度,来促进果蔬组织内部有害气体的快速排出，以减缓果蔬衰败。比如双孢蘑菇和杏鲍菇在真空预冷后减压储藏的最佳压力值为10千帕，此时质量损失率和呼吸强度相对较低。杏鲍菇在2~4 ℃下减压(60千帕)贮藏时，可以有效延缓褐变程度，抑制丙二醛含量的上升，降低呼吸强度。减压贮藏通过减少水分含量，降低水分活度，还可以有效抑制微生物的生长。

二 化学保鲜技术

1.化学保鲜剂处理技术

化学保鲜剂是利用某些无毒、无异味且对人体无害的化学试剂按照一定比例配制成的溶液。将它涂抹在果蔬表面，可形成具有一定阻隔性的薄膜，在果蔬内部形成一个低氧环境，达到减少水分蒸发、延长货架期的目的。双孢菇在维生素C溶液(浓度为0.2毫摩/升)中浸泡1分钟，0~2 ℃下贮藏，能够显著抑制其褐变。1-甲基环丙烯是一种新型的乙烯受体抑制剂，它与乙烯受体结合，可抑制内源乙烯和外源乙烯的作用，有效延缓果实的成熟衰老。比如使用1-甲基环丙烯溶液(浓度为0.4毫升/升)对秋葵进行处理，保鲜效果最佳。

2.臭氧处理技术

臭氧处理是一种绿色、安全的保鲜技术，能有效抑制果实内细胞壁分解、降低果肉软化速度，延缓果实的衰老进程。此外，一定浓度的臭氧对采后果蔬也可起到杀菌、防腐的作用。比如采用浓度为5.3毫克/升的臭氧处理，可以减少双孢菇表面的沙门菌、李斯特菌和大肠杆菌等微生物。

三 生物保鲜技术

生物保鲜技术是将某些具有杀菌或抑菌活性的天然物质(比如枯草芽孢杆菌、植物精油等),配制成适当浓度的溶液,通过浸泡、喷淋或涂膜等方式抑制或杀灭果蔬中的微生物。还可通过涂膜等方式隔离果蔬与空气(延缓氧化),调节贮藏环境的气体组成和相对湿度来达到防腐保鲜的目的。

1.枯草芽孢杆菌

枯草芽孢杆菌具有广谱抑菌性和较强的抗逆能力,能有效抑制病原菌对果实的侵染。比如在低温贮藏条件下,利用枯草芽孢杆菌 Cy-29 菌悬液处理果实后,果实硬度、可滴定酸和维生素 C 含量的下降显著延缓,可溶性固形物与总糖含量得到维持,能较好地保持果实品质,延缓果实的成熟衰老。

2.植物精油

植物精油作为一种果蔬天然保鲜剂,通常具有较强的抑菌效果。比如在猕猴桃保鲜上应用最广的是肉桂精油和茉莉属素馨花香精油。肉桂精油能有效保留果实中具抗氧化活性能力的物质,提高其贮藏期间抗氧化能力,延缓果实成熟衰老。

第八节 包装与储运技术

农产品与食品的包装与储运加工也是保障其产品质量安全的重要环节。合适的储运包装可以有效降低农产品与食品的流通腐败率,减损降耗,延长产品贮藏和保鲜期。近年来,我国生鲜电商市场持续火热。然而，由于生鲜农产品与食品通常易腐烂变质，会造成极大的资源浪费，因此针对生鲜农产品与食品的包装与储运技术尤为重要。基于此，本节重点介绍无菌包装技术以及冷链储运技术。

一 无菌包装技术

1.无菌包装材料

无菌包装材料一般有金属罐、玻璃瓶、塑料容器、复合罐、纸基复合材料、多层复合软包装等多种形式。

(1)金属罐

无菌包装使用较早的包装材料主要有马口铁罐和铝罐两种。目前，金属罐无菌包装的典型代表是美国的多尔无菌装灌系统。

(2)玻璃瓶

随着制造技术的发展，近年来出现了轻量强化玻璃瓶，该技术的发展大大提高了玻璃瓶的耐热冲击性，大大推动了无菌包装技术的应用。

(3)塑料容器

塑料是无菌包装中发展最快、应用最广泛的材料，具有成本较低、形状多样化、机械适应性强等特点。对于塑料包装材料的要求主要是，具有对食品的防护保存性，能适应流通的机械强度，有对包装机的适应性以及自身的商品性等，尤其要对氧气和水蒸气有较高的阻隔性。因此，当前采用的无菌塑料材料主要是复合薄膜。

(4)复合罐

复合罐一般为由两种以上材料组成的三片罐，即底和盖用金属，罐身用铝箔、纸板或聚丙烯等材料制成。复合罐具有印刷装潢效果好、成本低、质量轻、处理方便而不造成公害等优点，但复合罐的气密性比金属罐差，耐热性也差。

(5)纸基复合材料

纸基复合材料容器由纸、聚乙烯、铝箔等多种材料组成,尤以一些公司生产的无菌砖形盒、菱形袋为典型。这种厚约0.35毫米的复合材料由多层材料构成,对氧气和水蒸气的阻隔性极佳,而且印刷装饰效果也很好,使用方便,产品的货架期长,是饮料无菌包装较为理想的包装材料。

2.无菌包装技术的应用

目前,无菌包装技术多用于生产均质液态食品。通常,无菌小包装产品主要是果汁及果汁饮料、乳和含乳材料,而大袋无菌包装产品主要是番茄浆和浓缩果汁,如浓缩苹果汁等产品。

(1)液态奶无菌包装

液态奶的无菌包装是在液态奶高温短时杀菌或超高温瞬时杀菌后,将其迅速冷却至常温,在无菌环境下充填入无菌的包装容器并热封的包装过程。液态奶的这种无菌包装形式,可使牛奶保持其原有的色、香、味,且营养成分损失较少,能在常温下储藏和流通较长时间而不变质。

(2)果蔬汁的无菌包装

采用无菌包装技术进行果蔬汁饮料的无菌包装,能有效延长果蔬汁饮料的保质期限,并且尽可能保持其独特的风味和口感。果蔬汁的无菌包装主要包括果蔬汁的制备及杀菌、包装材料的杀菌消毒及包装环境的杀菌消毒等操作环节。

二 冷链储运技术

冷链储运通常是以冷冻工艺为基础、制冷技术为手段,使冷链物品从生产、流通、销售到消费的各个环节中始终处于规定的温度环境下,旨在保证冷链物品在储运过程中的质量安全,减少其腐烂变质和产品损耗。

1.冷链储运技术装备

冷链储运技术装备通常可分为冷加工技术装备、冷冻冷藏技术装备、冷藏运输技术装备、冷藏销售技术装备。在果蔬冷加工方面，现阶段大多以浸入和喷淋的预冷方式为主，而对于肉类则主要采用螺旋预冷机进行预冷。在速冻环节，基于液氮的直接接触式速冻技术装备应用最为广泛。在冷冻冷藏技术装备方面，果蔬冷冻冷藏的自动化程度要高于肉类，但仍存在很多问题，比如冷藏运输方式主要以陆地冷藏车运输为主。此外，冷藏运输装备技术匮乏是目前制约冷链发展的主要因素，尤其需要发展安全高效、自动化、信息化、智能化的全程冷链技术装备体系。

2.冷链储运技术的应用

(1)液氮速冻技术

液氮速冻技术指通过液氮与食品接触吸收大量的热量来冻结食品的技术。该技术能使食品快速冻结，以最短的时间通过最大冰晶形成带，食品中水分形成的冰晶均匀细小，食品损伤小，解冻后的食品基本能保持原有的色、香、味。目前液氮技术已广泛应用于果蔬、畜禽及水产品等的速冻。液氮喷雾和液氮浸渍装置可应用于草莓、白灵芝、青刀豆、西蓝花等产品的速冻，有效延长产品的储藏时间。

(2)差压预冷技术

预冷是果蔬冷链物流的首要环节。通过预冷处理可迅速降低采摘后的果蔬温度，有效降低冷藏贮运时的冷负荷，抑制果蔬的呼吸强度，减少微生物的生长繁殖，降低酶的活性。差压预冷技术是一种利用差压风机抽吸作用在果蔬包装箱内外两侧形成一定的压力差，促使冷空气通过包装箱上的通风孔进入箱体内部，与果蔬进行对流换热，从而达到降低果蔬温度、延长贮藏期目的的空气预冷技术。该技术具有预冷速度快、冷却均匀、适用范围广等优点。

差压预冷技术是在传统冷库预冷的基础上发展起来的，在应用时可通过对冷库进行改装，如增加挡板、使用差压风机等形成差压预冷库。目前，差压预冷技术在球形果蔬、类圆柱形果蔬的预冷上应用较为广泛。通过差压预冷技术预冷球形果蔬（如番茄）和类圆柱形果蔬（如茄子、青椒）等，预冷效率较冷库预冷可提高 2~6 倍。

第三章 粮食产品加工技术

粮食是我国重要的农产品。传统粮食主要包括稻谷、小麦、玉米、大豆、薯类等。本章结合安徽粮食产业现状和发展重点，介绍粮谷类产品加工技术。

第一节 稻米加工

一 稻米加工概述

1.稻谷分类

稻谷是我国主要粮食作物，其产区广、产量大且品种多。按粒形和粒质通常可将稻谷分为籼米、粳米和糯米三类。

(1)籼米

米粒呈细长形或长圆形，长者长度在 7 毫米以上，其横断面呈扁圆形。按米粒长度，籼米通常可分为长粒米和中粒米；若按稻谷收获季节，又可将其分为早籼米和晚籼米。籼米蒸煮后的出饭率高，黏性较小，然而其米质较脆，加工时易破碎。

(2)粳米

米粒一般呈椭圆形或圆形。米粒丰满肥厚，横断面近于圆形，颜色蜡白，呈透明或半透明状，质地硬而有脆性，煮后黏性、油性均较大，柔软可口,但出饭率偏低。按稻谷收获季节,可将粳米分为早粳米和晚粳米。

(3)糯米

糯米又叫江米,呈乳白色不透明状,煮后透明且黏性大,胀性小,一般不做主食,多用于制作糕点、粽子、元宵等,还可作为酿酒原料。糯米可分为籼糯米和粳糯米两种。籼糯米粒形一般呈长椭圆形或细长形,呈乳白色不透明状,也有透明的,黏性大;粳糯米一般为椭圆形,呈乳白色不透明状,也有透明的,黏性大且米质优于籼糯米。

2.稻谷制米

稻谷制米主要是将稻谷外面的稻壳和糠层去除,生产含碎米和杂质较少的精白米,同时得到副产品米糠和稻壳。其工艺一般包括稻谷清理、砻谷和砻下物分离、碾米及成品整理三个主要工序。

(1)稻谷清理

稻谷清理是指将稻谷中混有的泥沙、铁钉、稻秆和杂草种子等多种杂质清除掉。清理方法有:

①筛选:利用稻谷与杂质的粒度差异,选用合适筛孔进行筛选以去除杂质。

②精选:根据稻谷与杂质在长度上的差异进行分离。

③风选:利用稻谷与杂质的相对密度和悬浮速度等气体动力学特性差异进行分离。

此外,还有磁选和光电分选等清理方式。

(2)砻谷和砻下物分离

剥除稻谷外壳的工序叫砻谷。稻谷砻谷后的混合物叫砻下物,主要含有糙米、未脱壳的稻谷、稻壳、毛糠、碎糙米及未成熟粒等。砻谷用的机械叫砻谷机,主要是利用两相向不等速旋转的胶辊将稻谷进行挤压、摩擦及搓撕等,使得稻壳剥落而与糙米分离。调节砻谷机两胶辊或砂盘间的轧距,可获得合宜的脱壳效率,减少米粒损伤。稻谷经砻谷后仍有一部分未脱壳,需将砻谷后的物料(糙米、稻谷与谷壳的混合物)先经风选将谷与壳分离,再用谷糙分离设备将稻谷与糙米分开,并将未脱壳的稻谷重新放入砻谷机加工。

(3)碾米及成品整理

碾米主要指碾除糙米皮层的加工过程。通常利用碾米机的摩擦和碾削等作用碾除皮层。糙米碾成白米后,其表面往往黏附一些糠粉,且米温较高并混有碎米。为此,在成品大米包装前须进行擦米除糠、凉米降温、分级除碎及成品整理等工序。

二 稻米制品加工

近年来,我国的米制品加工业发展迅速,比如市面上常见的米饭类食品有袋装米饭、灌装米饭、杯装米饭、自热米饭、冷冻饭团等,方便米粥类有糙米糊、米粥、冲调米粉、八宝粥等,用籼米制作的食品有米线、米粉、米糕等,用糯米制作的食品有汤圆、粽子和年糕等,还有以米果为主的膨化休闲食品等。此外,还有米面包、米饮料(酒酿)等产品。

1.方便米粉制品加工

(1)工艺流程

原料→除杂、清洗→浸泡→磨浆→脱水→混合→挤丝→冷却→切断、成型→蒸煮→烘干→密封包装。

(2)操作要点

①原料处理:通常选用含支链淀粉较多的晚籼米为原料,其制作的粉条蒸煮后不易回生,不易断条。此外,还可适当添加马铃薯变性淀粉以提高产品弹性和咀嚼性。原料除杂、清洗主要是为了去除米中的沙石等

杂质成分。

②浸泡、磨浆:大米磨浆前通常要浸泡 2~4 小时,便于米粒充分吸水软化。浸泡后用磨浆机进行磨浆和过滤处理。

③脱水、混合:过滤好的米粉浆用白布袋装好放入离心机脱水。脱水后,将湿粉和其他配料混合。

④挤丝、冷却:将湿米粉均匀输送至挤丝机械中,先挤压成片,再挤成透明丝状。挤出后的米粉经风冷使糊化热粉丝充分回生以增加产品韧性。

⑤切断、成型:将粉丝切割成一定长度,再通过隧道式连续蒸煮机使米粉在高温下充分糊化,然后在室温下冷却成型。

⑥烘干、包装:烘干可分三个阶段。预干温度 50 ℃,再升温至 60 ℃烘干,最后降温至 40 ℃烘干,水分降至 10%左右即可密封包装为成品。

2.米糕制品加工

(1)工艺流程

原料→除杂、清洗→浸泡→磨粉→糅粉→配料→成型→汽蒸→冷却→包装。

(2)操作要点

①原料选择及除杂处理:通常选用精白糯米为原料并除去沙石等杂质,用清水冲洗干净。

②浸泡、磨粉:通常加清水浸泡 12~24 小时,待米粒充分吸水发胀即可。再将米用粉碎机磨成湿米粉。

③糅粉、配料:糅粉工艺使得米粉黏度均匀,同时筛去团块,以保证成型的产品质地均匀。在压模成型前将辅料加入米粉中拌匀,具体配方可依据不同口味做适当调整,比如甜米糕可添加红糖作为增色甜味剂。

④汽蒸、冷却、包装:将压模成型的米糕放入蒸笼,用蒸汽蒸煮半小时即可,起锅产品冷却后可密封包装为成品。

3.重组米制品加工

(1)工艺流程

原料→粉碎→配料混合→调质→造粒→蒸料→干燥→筛分→包装。

(2)操作要点

①原料及粉碎处理:主要选用籼米碎米为原料,并经粉碎机加工成粉后过60目筛;

②混合造粒:通常按配方加入原辅料,混合均匀后用螺杆挤压机等造粒机械进行造粒处理,获得米粒大小的颗粒。

③蒸料、干燥:造粒成型后在输送带上用蒸汽蒸制3~5分钟,使米粒表面形成保护膜,并杀灭表面微生物,然后经干燥机干燥至水分含量在12%以下;

④筛分、包装:干燥后物料用24目筛子进行筛分,去除粉末和小碎粒,冷却至室温,真空包装为成品。

三 稻米副产物加工

1.米糠加工利用

米糠是稻米加工的主要副产品,富含米糠油、谷维素、甾醇、维生素等多种营养成分,开发利用价值高。

(1)米糠制油

米糠中粗脂肪含量为13%~22%,目前工业上米糠制油主要采用压榨法和浸出法。压榨法是传统方法,优点是工艺简单、投资少、操作维修方便,缺点是出油率低。浸出法的优点是出油率高、糠饼品质好、生产规模大,缺点是技术比较复杂,生产安全性差,“三废”排放处理成本高。

(2)谷维素制备

谷维素是米糠中存在的不皂化物,也是精炼米糠油的副产物。将米糠毛油通过两次碱炼,可使其中80%~90%的谷维素富集于皂脚中,达到捕集的目的。利用谷维素能溶于碱性甲醇,而糠蜡、脂肪醇、甾醇等不皂化物不能溶于其中的特点,使谷维素钠盐与黏稠物质和不皂化物分离。最后,用有机酸酸化谷维素钠盐,使其成为谷维素成品。

2.稻壳综合利用

稻壳是稻谷加工过程中的主要副产物。目前稻壳的利用主要有以下几个途径:首先,可作为能量来源,用于厂区的冬季集中供暖,作为动力燃烧或者进行稻壳发电和生产稻壳煤气等。其次,稻壳可以作为动物饲料中的填充物,或者作为培养基和土壤等的肥料。最后,稻壳还可以作为工业原料,用以生产活性炭等产品,或者经过分解后生产不同的化工产品等。

第二节 小麦加工

一 小麦加工概述

1.小麦分类

小麦是我国主要的粮食作物,其分布广且产量高。按播种季节通常可将小麦分为冬小麦和春小麦,按皮色差异可将其分为白皮小麦和红皮小麦,按籽粒胚乳结构可将其分为硬质小麦和软质小麦。

(1)硬质小麦

硬质小麦通常富含蛋白质,面筋较多,质量较好,主要用于制作面包、馒头、面条等面制主食类产品。籽粒特硬、面筋含量较高的硬质小麦适宜制作通心粉、意大利面和挂面等产品。

(2)软质小麦

含粉质粒50%以上的小麦即软质小麦。其面粉的粉质多,且面筋少,适合制作饼干、糕点、烧饼等面制产品。

2.小麦制粉

小麦制粉主要是将小麦粒中的胚乳与麦皮(果皮和种皮)和胚分离,并将胚乳研磨成粉的过程。其工艺过程如下:小麦籽粒经清理和水分调节后,将胚乳与麦胚、麦皮分开,再将胚乳磨细成粉;最后根据消费需要,进行不同等级面粉的配制,或者通过面粉处理,制成各种专用面粉。

(1)毛麦清理

小麦籽粒在收获和贮运过程中容易混入各种杂质，必须先加以清除,才能制粉。主要是利用麦粒与杂质在大小、形状、悬浮速度、相对密度、磁性等方面的差别进行清理。

(2)调质

由于不同品种和来自不同地区的小麦籽粒物理特性各异，有的干硬,有的湿软,因此麦粒经清理后还须进行水分调节,即对水分高的加以烘干,水分低的适当加水,使之达到最适水分含量,这样麦粒才具备良好的制粉性质。经过润麦(给小麦加水后在仓内存放一定时间),麦粒皮层与胚乳易于分离,胚乳疏松易于磨细。

(3)制粉

整个过程包括皮磨、渣磨和心磨及相应的分级、清粉等阶段。皮磨的主要作用是剥开麦粒,并从麸片上刮下胚乳。皮磨的工序一般有4~5道。渣磨的主要作用是处理从皮磨清粉系统中分出的沾有麦皮的胚乳粒,经磨辊的轻微剥刮,进一步使麦皮与胚乳分开,再通过筛理、清粉,回收较

纯净的胚乳粒。渣磨的工序一般有 1~3 道。心磨的主要作用是将经皮磨、渣磨和清粉后获得的不同粒度的胚乳磨细成粉。

(4)配粉

配粉是在生产出基础粉之后,按比例进行混配,以改变面粉的面团特性,制成不同质量要求和等级的专用粉,比如面包粉、糕点粉、面条粉以及通用面粉等。各种等级粉的比例可因市场需要和生产实际而有所不同。此外,还可对面粉进行特殊处理,如在面粉中添加维生素和矿物质,以增加营养价值,制成强化面粉。

二 面制品加工

传统面制品通常包含蒸煮制品,比如馒头、包子、花卷、面条、水饺等;煎炸制品,比如锅贴、馅饼、油条、麻花等;烘焙制品,比如烧饼、烙饼、面包、饼干等;冲调制品,比如炒面(北方一种冲调食品)、油茶等。

对面粉进行深加工可分离出小麦淀粉、谷蛋白粉等。其中,谷蛋白粉是天然强筋剂,是仿生肉、蛋白食品等的重要原料。此外,从小麦糊粉与麦麸中分离出的小麦胚芽,可制取胚芽油、胚蛋白以及维生素 E 等产品。

1.面包制品加工

面包制品加工通常包括面团搅拌、面团发酵和成品烘焙三个基本工序。依据面包品种特点和发酵过程,常将面包生产工艺分为一次发酵法、二次发酵法和快速发酵法。

(1)一次发酵工艺流程

配料→搅拌→发酵→切块→搓团→整形→醒发→烘焙→冷却→成品。

一次发酵的优点是发酵时间短,提高了设备和车间的利用率和生产效率,且产品咀嚼性和风味都较好,缺点是面包的体积较小,且易于老化，批量生产时工艺控制较难，一旦搅拌或发酵过程中出现失误，较难弥补。

(2)二次发酵工艺流程

种子面团配料→搅拌→发酵→主面团配料→搅拌→ 发酵→切块→搓团→整形→醒发→烘焙→冷却→成品。

二次发酵的优点是面包的体积大，表面柔软，组织细腻且成品老化慢。缺点是投资大，生产周期长，效率低。

(3)快速发酵工艺流程

配料→面团搅拌→ 静置→压片→卷起→切块→搓圆→成型→醒发→烘焙→冷却→成品。

快速发酵法是指发酵时间很短(20~30 分钟)或根本无发酵过程的一种面包加工方法。整个生产周期只需要 2~3 个小时。其优点是生产周期短，效率高。缺点是风味相对较差且保质期较短。

2.挂面的生产加工

挂面因将湿面条挂在面杆上晾干而得名。挂面的生产量通常较大且消费范围广。其制作工序通常如下：先将各种原辅料加入和面机中充分搅拌，静置熟化后将成熟面团通过两个大直径的辊筒压成约 10 厘米厚的面片，再经压薄辊筒压延面片 6~8 道，使面片厚度变成 1~2 毫米，再通过切割狭槽进行切割成型，干燥后得成品。

(1)工艺流程

原辅料→和面→ 熟化→压片→切条→干燥→切断→包装→成品

(2)操作要点

①和面和熟化：通过和面机的搅拌将各种原辅料均匀混合，形成面团胚料。和面加水量一般为 30%~35%，水温在 25~30 ℃。熟化是将和好的面团静置或低速搅拌一段时间，以促进面筋结构形成和面团稳定。熟化

时间一般为20~30分钟。

②压片与切条：该工艺是将松散的面团转变成湿面条的关键过程。压片是通过多道轧辊对面团进行挤压，让面条具有黏弹性和延伸性。一般要通过多次压延成型。切条是指利用切面机将末道压辊后的面片切成一定宽度和长度的湿面条的过程。

③干燥：干燥过程也是面条生产加工中较为重要的环节。

湿面条在烘房内的干燥分为预干燥、主干燥和终干燥三个阶段。高温干燥工艺需要3~4小时，而低温慢速干燥则需要7~8小时。

三 小麦副产物加工

小麦经加工生产出一定的面粉后，副产品为麸皮、麸粉饲料和麦胚。

1.小麦麸皮

小麦麸皮简称麦麸，是小麦加工面粉的主要副产品，富含戊聚糖、维生素等多种营养成分。戊聚糖是一种非淀粉多糖。戊聚糖在谷物（如小麦、黑麦等）中广泛存在，但含量极少。它是构成植物细胞壁的重要成分。戊聚糖对谷物的品质、加工和营养等均具有重要作用，比如可以影响面团的吸水率以及持气性能。戊聚糖的高黏度增加了面筋和淀粉膜的强度与延展性，可增加面制品的体积。

2.小麦胚芽

小麦胚芽又称麦芽粉、胚芽，呈金黄色颗粒状。麦芽含有丰富的维生素和矿物质、膳食纤维及蛋白质，如谷胱甘肽等，具有较高的营养价值。

第三节　玉米加工

一　玉米加工概述

1.玉米分类

玉米是我国重要的粮食作物之一，其产量大，加工品类多且利用程度较高。按生育期，玉米通常分为早熟、中熟、晚熟三类；按籽粒形态与结构，可分为硬粒型、马齿型、粉质型、甜质型等；按用途与籽粒组成成分，可分为特用玉米和普通玉米。特用玉米一般指高赖氨酸玉米、糯玉米、甜玉米、爆裂玉米、高油玉米等具有较高的经济价值、营养价值或加工利用价值的玉米。这些玉米类型具有各自的内在遗传组成，表现出各具特色的籽粒构造、营养成分、加工品质以及食用风味等特征，因而有着各自特殊的用途、加工要求。特用玉米以外的玉米即为普通玉米。

(1)甜玉米

甜玉米又称蔬菜玉米，既可以煮熟后直接食用，又可以制成各种风味的罐头、加工食品和冷冻食品。甜玉米的含糖量通常相对较高，其蔗糖含量是普通玉米的 2~10 倍。

(2)糯玉米

糯玉米又称黏玉米，其胚乳淀粉几乎全由支链淀粉组成，食用消化率高。糯玉米因具有较高的黏滞性及适口性，可以鲜食或制成罐头，我国还有用糯玉米代替黏米制作糕点的习惯。糯玉米是饲料和食品工业的基础原料，可作为增稠剂使用。

(3)高油玉米

高油玉米是指籽粒含油量超过 8%的玉米类型。由于玉米油主要存在于胚内,直观上看高油玉米都有较大的胚。玉米油富含油酸、亚油酸以及维生素 F、维生素 A、维生素 E 和卵磷脂等功效成分,已成为日常重要的食用油来源。

2.鲜食玉米加工

鲜食玉米,主要是指甜玉米和糯玉米。与普通玉米相比,鲜食玉米不仅香甜鲜嫩,而且营养丰富,因而备受消费者喜爱。鲜食玉米穗采收后需要及时进行保鲜加工。目前常用的保鲜方法主要有冷藏保鲜、漂烫保鲜、气调保鲜、防腐保鲜和涂膜保鲜等。冷藏保鲜是在 0 ℃左右或者适合果蔬贮藏的低温下进行贮藏的方法,可有效控制微生物的生长,对鲜食玉米的品质影响较小。漂烫可使鲜食玉米部分酶失活,从而改善其食用品质。气调保鲜分为可控贮藏保鲜和自发气调贮藏保鲜,其优点是可以很好地保留玉米的营养成分,控制微生物生长,延长货架期。防腐保鲜主要是利用一些保鲜剂,如乙烯吸收剂、天然防腐剂等进行保鲜。涂膜保鲜是利用脂类、蛋白质类和多糖类形成阻隔层的保鲜方式。不同方法结合使用一般可以将鲜食玉米的货架期延长 3 个月以上。此外,利用鲜食玉米为原料可开发系列产品。

(1)玉米罐头及饮料

玉米罐头包括糯玉米罐头、甜玉米罐头、玉米笋罐头等。将玉米去皮、清洗、预煮、甩水、油炸、甩油、装罐、排气、密封制成的玉米罐头色味俱佳。还可将玉米制成饮料,比如玉米牛奶乳酸菌发酵饮料等产品。

(2)速冻玉米

速冻加工能较大限度地保持新鲜玉米原有的色泽与风味,比如甜玉米的鲜果穗经漂烫速冻后,可保存 3~6 个月。

(3)真空软包装玉米

甜糯玉米去除苞叶后用保鲜液浸泡,然后常压灭菌,装入软包装袋,再经真空封口、灭菌、冷却、质检和装箱等工序成为成品。常压条件下杀菌的甜玉米穗的色、香、味均正常,无胀袋和其他异变现象,可很好地保持甜玉米的风味,且优于传统的高压灭菌的甜玉米。

(4)其他产品开发

目前市场上存在许多玉米食品,如玉米快餐薄片、玉米面、玉米火腿、玉米真空油炸籽粒等。

3.玉米粉加工应用

目前,玉米主要用作动物饲料、燃料或者其他工业原料,直接作为食品及原料食用的仅占总产量的5%左右。玉米粉作为一种制作传统食品的原料,因其难以形成网状结构的面团,黏弹性欠佳,柔韧性差,而且口感粗糙,所以在主食加工方面的应用受到极大的限制,不适合直接加工制作面包、面条、糕点、馒头和饺子等主食。应用适宜的加工技术处理玉米粉原料,对改善其加工适用性,提升其食用品质十分重要。

目前玉米粉加工应用主要可分为三种方式:

①玉米粉直接跟小麦粉混合生产食品。

②不改变玉米粉本身的加工品质,添加各种辅料或食品添加剂,使玉米面团的黏性增加,以便直接制作食品。

③通过改性方法(主要分为物理法、化学法、生物法及复合法等多种手段)对玉米粉进行物性修饰,改变玉米粉的性能,制成变性玉米粉,用于制作各类食品。

二 玉米制品加工

加工的玉米制品主要有食用玉米制品、饲用玉米制品以及工业加工制品等多种类型。

1.食用玉米制品

(1)玉米膨化食品

玉米膨化食品是自20世纪70年代以来兴起而迅速盛行的方便食品，通常具有疏松多孔、结构均匀、质地柔软等特色，不仅色、香、味俱佳，还易于消化吸收。玉米富含淀粉，是理想的膨化食品加工原料，目前以玉米为原料，利用双螺杆挤压等加工膨化食品的技术已趋于成熟。

(2)玉米片

玉米片是一种常见的以玉米为主要原料加工而成的快餐食品，具有便于携带、保存时间长等优点，既可直接食用，也可制作其他食品，还可添加不同作料制成各种风味的方便食品。

(3)玉米啤酒

因玉米蛋白质含量与稻米接近而又低于大麦，淀粉含量与稻米接近而高于大麦，因此玉米也是比较理想的啤酒生产原料。

2.饲用玉米制品

目前，我国一半以上的玉米用作饲料加工原料，玉米也是畜牧业发展的基础原料。比如玉米籽粒，特别是黄粒玉米是良好的饲料原料，可直接用作畜禽饲料，应用也较为广泛。玉米秸秆也是良好的饲料原料，比如用作肉牛的高能饲料，可部分替代玉米籽粒。此外，玉米加工副产品(如麸皮等)也是良好的饲料原料。

3.工业加工制品

(1)玉米淀粉

玉米是生产淀粉的主要原料。由玉米直接生产的淀粉通常为玉米原淀粉。原淀粉用途广泛，但随着工业生产的发展，其在许多领域已难以满足加工要求，需要人们对淀粉性质进行改性处理，以改善淀粉的性能，扩大其应用范围，这种经加工处理后的产品即变性淀粉。

玉米淀粉的生产方法有很多，普遍采用的是湿法和干法两种工艺。湿法是将玉米用温水浸泡，经粗细研磨，分出胚芽、纤维和蛋白质，得到高纯度的淀粉产品。干法是指靠磨碎、筛分、风选的方法，分出胚芽和纤维，得到低脂肪的玉米粉。要获得纯净的玉米淀粉，一般多采用湿磨工艺进行生产。

①玉米原淀粉：玉米原淀粉保持了玉米谷粒固有的基本特性，是许多领域的重要原料，广泛应用于食品、生物医药、饲料、造纸等领域。比如在食品生产中，玉米淀粉可作为结块剂、稀释剂、成型剂等。

②玉米变性淀粉：给玉米淀粉做变性处理，即在淀粉固有特性的基础上，利用物理和酶法处理，改变淀粉的天然性质，增加其某些功能或引进新的特性，使其更适合一定的要求。玉米变性淀粉包括热处理变性淀粉、氧化淀粉、醋酸酯淀粉及复合变性淀粉等多种类型。在变性淀粉中引进羟丙基、羧甲基、磷酸基团等亲水性基团，可使淀粉极性增强，亲水能力增大，使其具有较强的冻融稳定性、抗凝沉性，较高的膨胀度、透明度，进而使得玉米变性淀粉具有更广阔的应用性能。

(2)玉米制糖

玉米淀粉糖在我国的生产历史较悠久，且技术也较为成熟。玉米淀粉糖已成为常用的主要糖类制品，通常可作为麦芽糊精、果葡糖浆、结晶果糖等应用于食品工业中。麦芽糊精是淀粉水解程度较低的产品，几乎无甜味，通常用于咖啡、汤料等粉末食品，起到赋形、保持风味和防止褐变的作用。玉米淀粉糖可防止吸潮、优化口感以及维持结晶稳定性。此外，玉米淀粉糖可在调味品中作为增稠剂。果葡糖浆是由淀粉水解和异构化制成的淀粉糖晶，是一种重要的甜味剂。结晶果糖是以高纯度果糖液为原料，加入果糖晶体，经冷却结晶、分离、干燥而制得的。该类产品多

用于功能食品及药品中。

(3)玉米油

玉米油属于优质食用植物油脂,主要由玉米胚加工制成,也被称为玉米胚芽油。一般来说,对玉米油经过精制能够有效分离油酸、亚油酸等不饱和脂肪酸功能性成分,其中亚油酸含量最高。

三 玉米副产品加工

1.玉米皮

玉米皮是玉米经过浸泡、破碎后分离出来的玉米表皮，经洗涤、挤水、烘干等工序加工而成。目前玉米皮主要用于饲料行业。玉米皮中不仅含有大量的膳食纤维,还含有丰富的功能性成分,是生产功能性膳食纤维、L-阿拉伯糖等的优质原料，还可以从中提取玉米黄色素和玉米纤维油等产品。

2.玉米芯

玉米芯是玉米脱去籽粒后的穗轴。玉米芯通常可作为饴糖生产原料,还可以作为食用菌栽培基料而应用于食用菌生产中。

第四节　大豆加工

一 大豆加工概述

大豆是我国主要的粮食作物,富含蛋白质,也是居民每日所需蛋白质的重要来源。目前我国大豆消费形式主要有加工、食用、作为饲料等。其中,加工消费包括蛋白加工、油脂加工及其他工业消费。豆制品通常是指以大豆为原料，经发酵或非发酵加工工艺制成的半成品或者直接入口的食品，比如传统的豆腐、豆干、豆浆、酱油等。近年来，随着加工新技术的引进，一些新型豆制品也不断被开发出来，主要有全豆制品、油脂类大豆制品和大豆分离蛋白制品等产品类型。

1.传统大豆制品

传统大豆制品主要包括发酵豆制品和非发酵豆制品。发酵豆制品以大豆为主要原料，除清洗、浸泡、蒸煮等工艺过程外，均需要经过一个或几个特殊的生物发酵过程，产品具有特定的形态和风味，比如腐乳、豆豉、酱油、豆酱等。非发酵豆制品包括豆腐、豆浆等产品，基本上要经过清洗、浸泡、磨浆、除渣、煮浆及成型工序，产品多呈蛋白质凝胶状态。

2.新型大豆制品

近些年发展起来的新型豆制品主要有大豆蛋白、大豆油脂、大豆卵磷脂、大豆肽、大豆异黄酮等。

二 大豆制品加工

大豆制品种类较多，安徽大豆产量大，加工制品较多，比如淮南豆腐、皖南茶干、豆酱等。

1.内酯豆腐

内酯豆腐生产主要利用的是蛋白质的凝胶特性和葡萄糖酸-δ-内酯的水解特性。

(1)工艺流程

大豆原料→清理→ 浸泡→磨浆→滤浆→煮浆→脱气→冷却→混合→灌装→凝固成型→冷却→成品。

(2)操作要点

①制浆：采用各种磨浆机械制浆，使豆浆浓度控制在10~11波美度

(表示溶液浓度的一种方法)。

②脱气:采用消泡剂消除一部分泡沫,采用脱气罐排出豆浆中多余的气体及挥发性异味。

③冷却、混合与灌装:依据葡萄糖酸-δ-内酯的水解特性,内酯与豆腐的混合必须在30℃以下进行。若温度过高,会导致内酯水解过快,造成混合不均匀,产品难以成型。按照0.25%~0.3%的比例加入内酯(内脂添加前用温水溶解),混合后的浆料在15~20分钟内灌装完毕,采用的包装盒或包装袋需要耐100℃的高温。

④凝固成型:包装后进行装箱,连同箱体置入85~90℃的恒温床,保温15~20分钟。热凝固后的内酯豆腐需要冷却,这可增强凝胶强度及保形性。冷却时可采用自然冷却或强制冷却等方式。通过热凝固和强制冷却后的产品贮存时间较长。

2.大豆油脂及制品

大豆油脂主要由脂肪酸、磷脂及不皂化物组成。大豆油脂中的不饱和脂肪酸的含量很高,通常超过80%,而饱和脂肪酸的含量则较低。大豆油中还含有1.1%~3.2%的磷脂。卵磷脂、脑磷脂及磷脂酰肌醇是大豆磷脂的主要成分。大豆油脂中的不皂化物主要为甾醇类、类胡萝卜素、植物色素及生育酚类物质,总含量为0.5%~1.6%。

大豆油脂不溶于水,但溶于一些有机溶剂,工业上常采用浸出法制油,即用特定的有机溶剂浸泡或喷淋经过一定预处理的大豆,把其中包含的油脂提取出来,再经过蒸馏、脱溶,即可获得脱脂豆粕、毛油,并回收溶剂。毛油一般再经过脱胶、脱蜡、脱色、脱臭及碱炼等工艺可获得成品。

大豆中的脂肪以不饱和脂肪酸为主,且不含胆固醇,营养价值明显高于畜禽肉类。这种特性使油脂类大豆制品比其他同类产品更利于健康。油脂类大豆制品是对大豆中的油脂进行提取加工后得到的油脂类制品，如豆油、植物奶油等。这种产品使用方便、稳定性强且不含胆固醇。在这类制品加工中添加功能性成分，能够丰富大豆油加工产品品种，增加产品附加值，创造良好的经济效益。例如，利用大豆油和植物甾醇酯交换技术，制取具有植物甾醇保健功能的大豆油脂产品。

3.大豆蛋白及制品

大豆蛋白是最为优质的植物蛋白，通常大豆蛋白主要的来源是低温脱脂豆粕。大豆蛋白产品有粉状大豆蛋白产品和组织化大豆蛋白产品两种。

(1)粉状大豆蛋白

以大豆为原料，经脱脂、去除或部分去除碳水化合物而得到的富含大豆蛋白质的产品。其依据蛋白质含量不同(干基计)分为三种：

①大豆蛋白粉：蛋白质含量为50%~65%。

②大豆浓缩蛋白：蛋白质含量为65%~90%，以大豆浓缩蛋白为原料经物理改性而得到的具有乳化、凝胶等功能的产品称为功能性大豆浓缩蛋白。

③大豆分离蛋白：蛋白质含量在90%以上。粉状蛋白最主要的应用为蛋白粉。蛋白粉是一种针对特定人群的营养性食品补充剂。作为氨基酸补充食物，可为幼儿、老人、运动人群和减肥人群提供因蛋白质缺失而缺少的营养。

(2)组织化大豆蛋白

以粉状大豆蛋白产品为原料，经挤压、蒸煮等工艺得到的具有类似于肉的组织结构的大豆蛋白即组织化大豆蛋白。依据蛋白质含量不同，组织化大豆蛋白分为两种：

①组织化大豆蛋白粉：蛋白质含量为50%~65%；

②组织化大豆浓缩蛋白：蛋白质含量为70%左右。

组织化大豆蛋白具有优良的吸水性和吸油性，以及动物蛋白的纤维状结构和咀嚼感。目前，组织化大豆蛋白已广泛应用于西式肉制品、冷冻食品、宠物食品、方便食品及餐桌菜肴等领域。未来，组织化大豆蛋白将在植物肉制品中得到更广泛的应用。

三 大豆副产物加工

大豆副产物有豆渣、黄浆水等，需要进行综合开发利用。

1.豆渣

豆渣因其所含能量低且口感粗糙，通常被用作饲料等原料。然而，其含较高的膳食纤维等功效成分，值得深度开发利用。目前将豆渣作为烘焙制品的原料，可加工豆渣饼干、面包等产品。

2.黄浆水

黄浆水又称为大豆乳清，是大豆制品生产过程中排放的废水，其中含较多的营养物质，排放后会造成环境污染。可从中提取分离大豆低聚糖、大豆异黄酮，制备酵母，生产维生素 B_{12}，制取大豆皂苷等产品。此外，因黄浆水偏酸性，与改良蓝莓种植土壤时所需要的偏酸性正好吻合，目前已尝试利用黄浆水进行蓝莓种植土壤的改良。

第五节　薯类加工

一 薯类加工概述

薯类是以膨大肉质块茎或块根为食用对象的粮菜兼用的大宗农产品，通常包括马铃薯、甘薯、山药、芋头和木薯等。以薯类为原料可以开发出一系列薯类加工制品。

1.传统薯类制品

传统薯类制品以甘薯类为主要原料，加工产品包括淀粉、粉丝、粉皮、粉条、果脯等。而以马铃薯为主要原料的加工制品有精制淀粉、变性淀粉、油炸薯片、速冻薯条、马铃薯全粉以及饮品等。以山药和芋头为原料可加工饮料、菜肴及粥羹类等。

2.新型薯类制品

用马铃薯加工成的工业化产品有马铃薯淀粉、全粉、干制品、速冻食品、方便食品(如膨化薯片)、调味品(如酱、饴糖)以及淀粉类衍生变性淀粉产品(如酯化淀粉、预糊化淀粉、氧化淀粉、交联淀粉等)。

二 薯类制品加工

1.薯类淀粉

薯类淀粉的加工工艺多种多样,主要区别在于分离方法不同。鲜薯直接加工成淀粉时多采用马铃薯为原料,而甘薯、木薯多用薯干加工淀粉。

(1)鲜薯加工

①鲜薯加工淀粉工艺流程

鲜薯原料→去杂→ 清洗→刨碎→分离→渣水混合物→淀粉乳→除沙→脱水→干燥→筛分→包装→成品。

②鲜薯加工淀粉工艺要点主要有三点:其一,原料处理,采用清洗去石机除去泥沙,再利用粉碎机粉碎。其二,分离、精制,采用全旋流分离,尽可能去除粉碎浆料中的纤维、蛋白质等。精制是指对旋流分离的淀粉乳进行除细沙和细渣处理。其三,脱水、干燥及包装,脱去淀粉乳中过多的水分,以便于做干燥处理。采用气流干燥剂进行干燥处理,干燥温度不

超过 80 ℃,以免淀粉糊化。将干燥后的淀粉进行分级包装可得成品。

(2)薯干加工

①薯干加工淀粉工艺流程

薯干原料→破碎→浸泡→渣浆分离→蛋白分离→漂白→脱水→干燥→包装→成品。

②薯干加工淀粉工艺要点主要有六点:其一,原料破碎,采用锤片式粉碎机进行粉碎处理。其二,浸泡,目的是使淀粉颗粒从细胞中有效分离出来。通常用清水浸泡 48~72 小时,并换水 6~8 次。其三,渣浆分离,一般为两级分离,主要采用立式离心筛或卧式离心筛分离。其四,蛋白分离,经渣浆分离的淀粉乳还含有蛋白质等成分,可利用碟式离心机分离。其五,漂白,由于薯片生产出的淀粉白度较差,因此需要经过漂白处理。其六,脱水、干燥及包装,脱去淀粉乳中过多的水分,再进行干燥处理,干燥后的淀粉经包装得成品。

2.薯类全粉

马铃薯全粉是脱水马铃薯制品中的一种,通常以新鲜马铃薯为原料,经拣选、清洗、去皮、切片、预煮、蒸煮、冷却、捣泥等工艺过程,而后脱水干燥得到细颗粒状、片屑状或粉末状产品,这些产品统称为马铃薯全粉。其作为原、辅料用途广泛,主要用于加工粉条、粉丝、油炸马铃薯食品等产品。

(1)加工工艺流程

原料马铃薯→拣选→清洗→去皮→切片→蒸煮→调整→干燥→筛选→检验→包装。

(2)操作要点

①原料选择:原料的优劣对制备成品的质量有直接影响。通常选用芽眼浅、薯形好、薯肉色白、还原糖含量低和龙葵素含量少的品种。将选

好的原料送入料斗中，经过带式输送机，对原料进行称量，同时进行挑选，除去带霉斑薯块和腐块。

②清洗、去皮：马铃薯经干式除杂机除去沙土和杂质，随后被送至滚筒式清洗机中清洗干净。清洗后的马铃薯被批量装入蒸汽去皮机，用流水冲洗外皮。去皮过程中要注意防止由多酚氧化酶引起的酶促褐变，可添加褐变抑制剂（如亚硫酸盐），再用清水冲洗。

③切片：去皮后的马铃薯用切片机切成8~10毫米厚的薄片，要注意防止切片过程中的酶促褐变。

④预煮、蒸煮：断粒蒸煮的目的是使马铃薯熟化，以固定淀粉链。先经预煮，温度为68℃，时间为15分钟，后蒸煮，温度为100℃，时间为15~20分钟；之后在混料机中将蒸煮过的马铃薯断成小颗粒，为0.15~0.25毫米见方。

⑤调整：马铃薯颗粒在流化床中降温，温度为60~80℃，直到淀粉老化完成。要尽可能使游离淀粉降至1.5%~2.0%，以保持产品原有风味和口感。

⑥干燥、筛分及包装：经调整后的马铃薯颗粒在流化干燥床上干燥，干燥温度进口为140℃，出口为60℃，水分控制在6%~8%；物料经筛分机筛分后，成品被送到成品间贮存；不符合粒度要求的物料，经管道输送至混料机中重复加工。成品间的马铃薯全粉经自动包装机包装后，将送至成品库存放。

3.薯类休闲食品

薯类休闲食品包含薯条和薯片等系列产品。

（1）薯条（片）生产工艺流程

原料处理→挑选→清洗→去皮分离→护色处理→切条（片）→漂洗→分级→漂烫→脱水干燥→油炸→脱油→调味→冷却→包装。

(2)薯条(片)加工技术要点

①切条(片):蒸汽去皮后的马铃薯应放在水中防止氧化变色,然后切成横截面为1.5~2.5 厘米的薯条或厚度为 1.1~1.5 毫米的薄片。

②漂洗:切好的薯条(片)应立即进行漂洗,洗净表面淀粉。漂洗能使油炸后薯条色泽均一,同时减少淀粉吸油率,减少油炸时的油耗。

③油炸及脱油、调味和包装处理:漂洗好的薯条(片)在油炸前尽可能去除表面水分,油炸后经脱油后进行调味处理,并通过冷风降温冷却,再包装得成品。

三 薯类副产物加工

薯类加工副产物有薯渣、废水等,需要进行综合开发利用。

1.薯渣

薯渣是薯类加工业的主要副产物,通常用作饲料,是反刍动物的优良的饲料原料,特别是红薯渣。红薯渣是红薯在加工淀粉过程中产生的余渣,含有一定的淀粉,也是制作酒精的良好原料。

2.废水

薯类淀粉生产过程中会排放大量的废水,给环境造成很大影响,需要改进淀粉生产工艺,减少用水量,以及采用合适的污水处理设备对废水进行及时处理,减少环境污染。

第六节 杂粮加工

一 杂粮加工概述

杂粮通常是指稻谷、小麦以外的粮食，如玉米、高粱、甘薯、豆类等。其特点是生长期短，种植面积少，种植地区特殊，产量较低，一般都含有丰富的营养成分。安徽杂粮丰富，皖南荞麦、皖东绿豆以及皖南薏仁等杂粮作物均有一定的种植规模和产业特色。

1.谷类杂粮

谷类杂粮主要有高粱、谷子、荞麦（甜荞、苦荞）、燕麦（莜麦）、大麦、糜子、黍子、薏米、籽粒苋等。

（1）荞麦

荞麦可分为苦荞和甜荞两种。甜荞亦称普通荞麦。茎细长，常有棱，色淡红。叶基部有不太明显的花斑或完全缺乏花青素，籽粒基本为棕黑色或黑褐色，落粒重。苦荞亦称鞑靼荞麦。茎光滑、绿色，叶基部常有明显的花青素斑点。籽粒基本为棕黑色或黑褐色，落粒轻。荞麦不仅营养全面，而且含有丰富的膳食纤维、生物类黄酮、多肽等高活性药用成分，而苦荞中生物类黄酮的含量是甜荞的几倍甚至几十倍。在食用、药用荞麦产品开发方面，由荞麦加工制成的食用、药用产品种类繁多，主要包括米面类、茶饮类、调味类、酒类、保健品、医药及医药原料类等产品。

（2）薏米

薏米又名薏仁米。薏米是我国传统的药食两用的保健食品。薏米具有良好的食用价值，其味微甜，营养丰富，除含有碳水化合物、蛋白质、脂肪以及亚麻油酸不饱和脂肪酸等营养与功能性成分外，还富含特殊的薏仁酯。薏米磨粉可制成面食，是营养价值很高的食疗和保健食品。在应用上通常可生产糕点、即食米饭、方便粥及发酵饮品等。

2.豆类杂粮

豆类杂粮主要包括菜豆（芸豆）、绿豆、小豆（红小豆、赤豆）、蚕豆、豌豆、豇豆、小扁豆（兵豆）、黑豆等。

（1）绿豆

绿豆营养价值较高，富含蛋白质。绿豆所含蛋白质主要为球蛋白，并含有蛋氨酸、色氨酸、酪氨酸等多种氨基酸成分。此外，绿豆还富含脂肪、碳水化合物，维生素 B_1、维生素 B_2、胡萝卜素、叶酸等营养和功效成分。在应用方面，绿豆汤是夏季家庭常备的清暑饮品，而且能开胃，老少皆宜。传统绿豆制品有绿豆糕、绿豆酒、绿豆饼、绿豆沙、绿豆粉皮等。

（2）豌豆

豌豆富含淀粉和油脂等营养成分，尤其是鲜嫩豌豆，是备受欢迎的淡季蔬菜。将干豌豆进行加工，精细磨粉，可用于面包等烘焙食品中。干豌豆还可以提取豌豆浓缩蛋白，制作粉丝等产品。青豌豆和食荚豌豆可制作罐头或脱水、速冻的豆类食品。豌豆还可制作豌豆黄、豌豆糕类食品，香甜可口，深受大众喜爱。

二 杂粮制品加工

1.杂粮烘焙类食品

杂粮营养丰富，然而荞麦和燕麦类杂粮粉中因面筋蛋白含量较少，淀粉含量较多，不宜直接作为面包类烘焙制品的原料。通过复配小麦粉可加工成饼干、糕点等，增强烘焙食品的口感和营养及保健价值。燕麦面包、荞麦酥、小米饼干、绿豆糕等杂粮烘焙类食品均属于这一类。

2.杂粮面制品

以荞麦、燕麦、高粱等为原料，复配小麦粉等，可加工成各种挂面、方便面、速食面、冷面等，比如荞麦挂面、苦荞速食面、荞麦方便面、燕麦挂面等。

3.杂粮膨化食品

以杂粮为主要原料加工的膨化食品种类较多，包括谷物早餐膨化食品、休闲膨化食品以及冲调类膨化食品，比如雪饼、薏米酥、大麦膨化食品、苦荞麦糊等。

4.杂粮类饮品

以杂粮为主要原料，可以加工成各类饮料及发酵食品，比如苦荞茶、荞麦酸奶、荞麦酒、燕麦发酵乳、大麦茶饮料、青稞酒、黑豆酸奶等系列产品。此外，杂粮还可加工成各类方便米饭、谷物冲调粉、八宝粥等系列即食产品。

三 杂粮副产物加工

杂粮副产物有麸皮、谷壳、豆渣等，含丰富的膳食纤维、天然色素等功效成分，需要进行深度开发利用。

1.膳食纤维

利用杂粮麸皮、谷壳、豆渣等副产品可以制备膳食纤维。尽管膳食纤维是不能被人体所利用的多糖，但其在调理肠道健康中起着较为重要的作用。膳食纤维可用作功能食品的原料。

2.加工碎渣

加工碎渣可以制备发酵饮料、发酵酒等产品。还可利用挤压机进行质构重组，制备质构重组型杂粮谷粒等新的产品。

第四章 果蔬产品加工技术

果蔬是我国重要的农产品。果蔬通过多种加工处理,可改进食用价值并延长其保质期。果蔬的加工方法主要包括果蔬速冻、干制、腌制、罐藏等,果蔬产品主要有果蔬汁及果蔬粉、发酵果蔬制品等。

第一节 果蔬速冻加工

一 果蔬速冻概述

速冻是一种快速冻结的低温贮藏法，一般要求在30分钟或更短时间内将新鲜果蔬的中心温度降至冻结点以下,或者以更短的时间迅速通过-5~-1 ℃温度区间,然后在-22~-18 ℃的低温条件下贮藏。速冻处理是果蔬产品保持风味和营养较为理想的贮藏方式。

1.果蔬速冻产品

可速冻的主要果蔬有菜花、菠菜、香菇、辣椒、甜玉米、韭菜、荷兰豆、青豆、胡萝卜、山芋、番茄、马铃薯及草莓、蓝莓等30余种,其中蘑菇、荷兰豆、芦笋、青豆、青椒、甜玉米、黄瓜、菠菜为主要品种,出口的速冻品种主要是豆类,以青刀豆、荷兰豆为主。

2.果蔬速冻设备

速冻果蔬的主要生产设备包括清洗机、挑选输送带、烫漂机、水冷却机、预冷机、冻结器等。冻结器是速冻加工的关键设备，一般采用流化床式、隧道式、螺旋式速冻器等。近年来果蔬速冻也开始使用液化气体喷淋式冻结器，如液氮速冻器。目前，国内的速冻果蔬生产线贮冷能力还相对较低，速冻设备的制冷效率还需要提高，目前出口速冻果蔬的企业所采用的大型速冻机多以进口设备为主。

二 果蔬速冻加工

不同果蔬原料在速冻加工中，其工艺略有差异。比如浆果类一般采用整果速冻，叶菜类可采用整株冻结或者切段冻结，块茎类一般要切条、切丝、切块或切片后再进行速冻处理。

1.果蔬速冻工艺

(1)果蔬速冻的工艺流程

原料选择→整理(清洗、挑选、整理、切分)→烫漂(护色)或浸渍→冷却→沥水→装盘(或直接进入传送网带)→预冷→速冻→包装→冻藏。

(2)果蔬速冻工艺要点

①原料选择：果蔬原料选择是速冻产品质量保障的重要前提。速冻原料一般要求具有品种优良、成熟度适当、无病虫害、无农药等良好的品质特性。

②预处理：果蔬预处理工艺主要包括原料的选择及整理、烫漂、冷却、沥水等环节，其中关键环节为烫漂处理。烫漂是用沸水或热蒸汽来短时热处理果蔬原料，防止其变色，去除其不良风味，保持或改进制品的色泽，等等。大部分果蔬如果不经过热烫而直接冻结，就容易变色，还会产生异味。但是，并不是烫漂时间越长越好，烫漂过度会引起果蔬营养成分的损失和组织的破坏。比如青刀豆的热水烫漂温度为 95 ℃左右，烫漂时间以 2~3 分钟为宜。此外，烫漂处理并不适用于全部果蔬，比如草莓、黑

莓、蓝莓、红树莓、洋葱和大蒜头等，一般不进行烫漂处理，经过漂洗、分级及适当的护色后，即可进行速冻。有些果蔬需要去皮和去核及切分处理等，为防止原料变色，可用清水或0.2%的亚硫酸氢钠、1.0%的食盐、0.5%的柠檬酸等的混合溶液进行护色处理。

③冻结：目前，速冻果蔬多在-35 ℃或更低的温度下进行。对于某些产品，如草莓等，果蔬冻结要求在≤-40 ℃下进行，以获得优良的速冻品质。但冻结速度并不是越快越好，冻结速度过快会引起产品品质的下降。比如利用液氮速冻胡萝卜的最佳冻结速度为-5 ℃/分钟，过快或过慢的冻结速度都会破坏组织结构，同时影响胡萝卜的外观品质。

④冻藏：冻结后的果蔬产品应贮藏在温度为-23~-18℃、相对湿度为95%~98%的条件下，并且温度要逐步降低。在冻藏以及运输的整个过程中，要严格把控温度，尽量避免不必要的温度波动。速冻果蔬产品的冻藏期一般为1年以上，条件好的可达2年。

2.果蔬速冻方式

不同的果蔬可采用不同的速冻方式，达到不同的速冻条件(见表4-1)。

表4-1 果蔬速冻的方式及条件

果蔬名称	速冻方式	速冻条件
荔枝	液浸速冻机速冻	−35 ℃液浸速冻，冻结8～15分钟，至中心温度降为−18 ℃
杨梅	喷雾式液氮速冻机速冻	−100 ℃液氮速冻
草莓	液氮喷雾机速冻	−55 ℃液氮速冻，直至草莓中心温度达到−18 ℃
火龙果	喷淋式液氮速冻机速冻	−80 ℃液氮速冻，直至火龙果中心温度达到−18 ℃
枣	液氮低温冷冻机速冻	在长度为4米的低温(−120 ℃)冷冻隧道内速冻

续表

果蔬名称	速冻方式	速冻条件
白灵菇	喷雾式流态化液氮速冻	−60 ℃以下液氮浸渍冻结
玉米	流化床式速冻隧道速冻	−35 ℃鼓风冻结
豇豆	流化床式速冻隧道速冻	−35～−30 ℃温度速冻30分钟，中心温度降至−18 ℃
紫薯	超低温冰箱速冻	−75～−60 ℃温度速冻，中心温度降至−18 ℃

第二节　果蔬干制加工

一　果蔬干制概述

果蔬干制是指在一定条件下，脱去果蔬中适量的水分，从而抑制微生物和酶的活性，延长产品保质期的加工方法。干制是干燥和脱水的统称。干燥通常是利用晒干或风干去除果蔬中的水分，而脱水一般是利用热风、蒸汽、减压、冻结等方式去除果蔬中的水分。

1.果蔬干制方式

传统的干制方式包括自然晒干、热风干燥等。自然晒干方式下，原料处于外界环境中，条件不易控制，产品卫生质量堪忧。而热风干燥生产成本低，易操控，但缺点是效率低、温度高，易造成产品失色、失味，口感和营养品质均受影响。近年来，一些现代化果蔬干制技术逐渐被应用到食品工业中，主要包括真空冷冻、远红外干燥、真空油炸干燥、低温真空膨化干燥、真空微波干燥、压差膨化干燥、联合干燥等。

2.果蔬干制设备

果蔬的主要干制设备包括真空冷冻干燥机，红外干燥机，微波真空膨化设备，微波真空冷冻设备，喷雾干燥、变温压差膨化干燥设备等多种干制工艺设备。

（1）真空冷冻干燥机

真空冷冻干燥主要是将物料在真空冷冻干燥机内通过冷阱冷冻，待湿物料温度降到共晶点以下后，物料中的水分冻结成冰，在真空条件下加热，物料中的冰升华，最终变成疏松多孔的干燥产品。真空冷冻干制是目前最为流行的果蔬干制技术，尤其对热敏性物料特别适用，不仅可以保存蛋白质、糖类等营养成分和易挥发成分，还能维持产品较好的形状，产品不易发生皱缩。产品组织疏松多孔，复水性好，可以长期保存。目前，真空冷冻干制技术可以应用在蔬菜产品中，如蘑菇、胡萝卜、芹菜、葱、姜等，也广泛应用于龙眼、香蕉、草莓、苹果、樱桃等水果。

（2）微波真空膨化设备

微波真空膨化是将不同传统干燥方式结合起来的一种新型干制技术。在微波真空条件下，物料中的水分在低温下汽化、迁移，物料中间结构膨胀，变得疏松多孔。微波加热耗时短，均匀度好，热效率高。微波真空膨化在果蔬制品的应用中颇具潜力。比如利用微波真空制作的蕨菜产品复水性高，色泽、维生素 C 含量、外观品质同于冷冻干燥，优于传统热风干燥。微波真空膨化技术广泛用于干制香蕉片、山楂片、杏鲍菇干、黄秋葵干、苹果片、黑加仑干等果蔬制品中，其膨化率高且产品酥脆可口。

（3）变温压差膨化干燥设备

变温压差膨化是一种新果蔬干燥技术，物料通过变温压差膨化后，其体积发生膨胀，产生疏松多孔结构且复水性好。变温压差膨化相较于传统干燥的优势是产品既节能环保、安全卫生，又营养丰富且色香俱全。该技术及设备可应用于波罗蜜、桃、苹果、番木瓜、蒜、脐橙、杧果、菠萝、香蕉、柑橘、冬枣等果蔬类产品。

二 果蔬干制加工

1.果蔬干制工艺流程

原料选择、分级、清洗→整理(浸碱脱蜡、去皮核、切分)→烫漂(护色)→干制→包装→成品。

2.果蔬干制工艺要点

(1)原料选择

一般选择干物质含量高、肉质厚、组织致密、粗纤维少、风味色泽好且不易褐变的果蔬作为加工原料。

(2)整理

对于果皮上含有蜡质的水果,应进行浸碱处理,除去果皮表面蜡质,以利于水分蒸发。一般用的碱液为氢氧化钠液、碳酸氢钠液等,比如葡萄可用1%的氢氧化钠溶液处理1分钟。而对于葱、蒜等蔬菜,在切片过程中还需要用水不断冲洗其所流出的胶质汁液,以利于干燥脱水和产品色泽保持。

(3)烫漂

通常制果干多以硫处理护色。可以用浸硫法,即用1.5%~2.5%的亚硫酸盐溶液浸泡15分钟左右。而脱水蔬菜多以烫漂处理护色,烫漂处理后要迅速冷却,干制前要沥干水分,以利于提升干燥效果。

(4)干制

可采用自然干燥法,比如晒干和风干等,也可利用相关干燥机械设备进行干燥处理。

(5)包装

脱水果蔬的耐贮性受包装影响很大,一般经过干制处理的产品应尽快密封包装,并要进行防潮和避光贮藏。

第三节　果蔬糖制和腌制加工

一　果蔬糖制和腌制概述

1.果蔬糖制

果蔬糖制指以果蔬为主要原料，加入食糖或其他辅料配合加工。利用食糖渗入果蔬组织内部，降低水分活度，提高渗透压，可以有效抑制微生物，防止果蔬腐败变质，有效延长保藏时间。果蔬糖制品通常具有高糖或高酸的特点，有良好的保藏性和贮运性，果蔬糖制也是保藏果蔬的一种较为传统且有效的加工方法。常见的果蔬糖制品包括果脯蜜饯类及果酱类。

(1)蜜饯类

蜜饯类是果蔬经整理、硬化等预处理，加食糖煮制而成的。蜜饯类制品含糖量一般在60%~70%。常见蜜饯类制品有蜜饯海棠、蜜饯樱桃、蜜金橘、陈皮梅、话梅等。

(2)果酱类

果酱类主要由果蔬汁、果肉加食糖煮制浓缩而成，形态呈现黏糊状、冻体状或胶体状，属于高糖或高酸食品，含糖量大多在40%~60%，含酸量在1%以上。果酱类制品一般多用于面包、饼干、薯条等食品的调味酱料，其产品形式包括：

①果酱类，比如苹果酱、草莓酱等；

②果菜泥类，比如南瓜糊、枣泥等；

③果膏类，比如梨膏、桑葚膏、山楂糕等；

④果冻类:比如山楂冻、柑橘冻等。

2.果蔬腌制

用于腌制的主要是蔬菜。蔬菜腌制也是常见的蔬菜加工方法,通常是利用高浓度盐液、乳酸菌发酵来保藏蔬菜,腌制也可增进蔬菜风味。依据发酵程度和成品状态差异,蔬菜腌制品通常可分为发酵腌制品和非发酵腌制品。

(1)发酵腌制品

一般食盐的用量较低,通常经乳酸菌发酵,利用发酵所产生的乳酸与加入的食盐及香辛料等的防腐作用,保藏蔬菜并增进其风味。该类发酵腌制品具有较为明显的酸味,常见的有发酵咸菜、酸菜、泡菜等产品。

(2)非发酵腌制品

一般食盐的用量较高,不产生乳酸发酵或只有极度轻微的发酵。主要利用高浓度食盐、糖及其他调味品来保藏和增进产品风味。依据所含配料、水分及口味等,非发酵腌制品通常可分为咸菜、酱菜、糖醋菜等产品。

二 果蔬糖制加工

1.蜜饯类加工

(1)蜜饯类加工工艺流程

原料选择与分级→整理(去皮、去核、切分、切缝、刺孔)→盐腌→保脆和硬化→护色→漂洗煮制→糖制→包装→成品。

(2)蜜饯类加工工艺要点

①原料选择:一般选择果实肉质致密、耐煮性强的品种作为加工原料,且应按原料大小和成熟度进行分级,同时去除腐烂变质果、烂果和病虫害果。

②整理：去皮、去核、切分、切缝、刺孔能促进原料糖制时的糖分渗入，避免果实失水干缩，还可缩短糖煮时间。对果形较大且外皮粗厚的品种，应去除外皮并适当切分。部分果实需要对切或去核。枣、李和梅及蓝莓等果小，不宜去皮和切分，但需要切缝和刺孔，促进糖渗透。

③盐腌：以食盐为主腌渍，或加入少量石灰使之适度硬化，腌制成盐胚（果胚），常作为半成品来延长加工期限，也可作为南方凉果制品的原料。盐胚腌渍可包括盐腌、曝晒、回软和复晒等过程。盐腌处理后，将果胚晒成干胚，通常可长期保存。

④保脆和硬化：提高原料的耐贮性和酥脆性，糖制前将原料浸泡在石灰（浓度为 0.1%~0.5%，果酸含量多的原料）或氯化钙、亚硫酸氢钠（浓度为 0.5%，纤维素含量多的原料）等稀溶液中，使钙离子与原料中的果胶物质生成不溶性盐类，提高原料硬度和耐贮性。

⑤护色和漂洗：可浸硫处理，利用二氧化硫浓度为 0.1%~0.15%的亚硫酸或亚硫酸盐溶液，浸泡 10~30 分钟。通过漂洗去除多余的硬化剂和硫化物及色素等。

⑥煮制：经硬化处理的果实，必要时需要预煮，使之回软，可适度软化肉质坚硬的果实，便于糖分渗入。预煮也有助于脱盐和脱硫，一般用清水煮沸处理 5~8 分钟，以原料达到半透明并开始下沉为度。热烫后马上用冷水冷却。对于无不良风味的原料可结合糖煮，直接用浓度为 30%~40%糖液煮制，可省去单独预煮工序。

⑦糖制：糖制方法有蜜制（冷制）和煮制（热制）加工方式。蜜制是用糖液进行糖渍，使制品达到要求的糖度，一般适用于含水量高且不耐煮制的果品原料，比如青梅、杨梅、无花果等。蜜制因不需要加热，能较好地保持产品的形态、色泽、风味及营养物质。煮制多适用于质地紧密、耐贮性强的果品原料。

⑧整理与包装:整理可包括分级、整形和搓去过多糖分等。一般干态蜜饯可采用果干包装法,用塑料食品袋密封包装。而糖制蜜饯以罐装为宜。

2.果酱类加工

(1)果酱类加工工艺流程

原料选择→加热软化→配料→浓缩→装罐密封→杀菌→成品。

(2)果酱类加工工艺要点

①原料选择:一般选择含果胶较多及酸度较高的果品原料。对于酸度低的原料还需要额外加酸或与富含该成分的其他果蔬混制。

②加热软化:加热果肉可以软化果肉组织,便于打浆或糖液渗透,同时促进果胶溶出和凝聚形成。一般软化用水量为果肉重量的20%~50%。若用糖水软化,糖水浓度为10%~30%,软化时间以10~20分钟为宜。

③配料:一般果肉与加糖量比例为1:(1~1.2)。配料时,白砂糖配成浓度为70%~75%的浓糖液,柠檬酸配成浓度为45%~50%的溶液,并过滤。加入自身料重2~4倍的砂糖,充分混合均匀,再按料重加水10~15倍,加热溶解。琼脂用50℃温水浸泡软化,洗净杂质,加水量为琼脂重量的20~24倍,充分溶解过滤。果肉加热软化后,在浓缩时分次加入浓糖液,临近终点时,依次加入果胶液或琼脂液、柠檬酸或糖浆,充分搅拌均匀。

④浓缩:通过加热浓缩排除果肉中的水分,使糖、酸、果胶等配料与果肉均匀混合并杀灭微生物。目前主要采用常压浓缩和真空浓缩两种方法。

常压浓缩一般利用夹层锅在常压下加热浓缩。浓缩过程中,糖液要分次加入,以利于水分蒸发并避免糖色变深影响品质。糖液加入后要不断搅拌,防止锅底焦化。浓缩时间要适当,不宜过短或过长。此外,需要加

入柠檬酸、果胶等的制品时，应当浓缩到可溶性固形物为60%以上时再加入该配料。

真空浓缩主要利用低温真空蒸发，以保持产品良好的色泽与风味。浓缩时真空度保持在86~96千帕，料温60℃左右。浓缩过程中应保持物料超过加热面，以防止焦糊，待果酱升温至90~95℃时，即可出料。

果酱类经熬制后通常可利用折光计测定，当固形物在66%~69%这一区间时即可出锅。也可利用温度计测定，当溶液温度在103~105℃这一区间时熬制完成。另外，实际生产上常利用挂片法，即用搅拌的木片挑起浆液少许，横置，浆液呈片状脱落即可出锅。

⑤装罐密封：果酱出锅后迅速装罐。密封时酱体温度在80~90℃为宜。加热浓缩封灌后还要倒置罐体数分钟，进行罐盖消毒。

⑥杀菌处理：一般高糖或高酸果酱制品不易繁殖微生物，但为了安全起见，还要进行杀菌处理。通常采用沸水或蒸汽于100℃下杀菌5~10分钟即可。

三 果蔬腌制加工

1.发酵腌制品加工

(1)泡菜类加工工艺流程

原料选择→预整理→装坛→发酵→包装→成品。

(2)泡菜类加工工艺要点

①原料选择

一般选择新鲜、无病虫害、肉质致密脆嫩且粗纤维少的蔬菜原料。

②预处理

包括削去菜根、剔除老叶、清洗、切分、晾晒、烫漂、硬化等工序。预腌时通常根据晒干原料的量加入食盐并拌和，其中食盐用量为3%~4%，其目的是除去水分和原料菜中的辛辣味。另外，预腌时可加入浓度为0.05%~0.1%的氯化钙以增加泡菜硬度。预腌24~28小时，有大量菜水渗出时，取出沥干，即为出胚。

③装坛泡制

将出胚菜料装到坛高的一半，放入香料包，再装菜料至离坛口6~8厘米处，用重物将原料压住，加入盐水淹没菜料。盐水应用硬水，若无硬水，可在普通水中加浓度为0.05%~0.1%的氯化钙或浓度为0.3%的澄清石灰水浸泡原料，然后用该溶液配制盐水。按水量加入比例为6%~8%的食盐，为增进泡菜风味、口感，还可加入黄酒、白酒、白砂糖以及红辣椒等配料，再接种老泡菜水或人工乳酸菌液。老泡菜水可按照盐水量的3%~5%接种，静置培养3天即可用于泡制。另外，切忌菜料露出水面，因菜料接触空气后会氧化变质。盐水注入至离坛口3~5厘米处，盖上坛盖，注满坛沿水，任其发酵。经1~2天，菜料因水分渗入而沉下，可补加菜料至填满坛子。

④发酵管理：发酵过程一般分三个阶段。以中期泡菜品质为优。乳酸含量为0.6%~0.8%。成熟的泡菜应及时取出包装，并阻止其继续发酵变酸。泡菜取出后，可适当加盐补充盐水，并加入菜胚多次泡制。多种蔬菜混合泡制风味更佳。另外，若不及时加新菜泡制，应加盐使含盐量超过10%，并适当加入大蒜梗等富含抗生素的原料，盖上坛盖，保持坛沿水不干，以防止泡菜盐水变坏，以便后续可随时加入新菜泡制。

泡制期间的管理。要注意坛沿水的清洁卫生。在发酵中后期，坛内呈部分真空，坛沿水可能倒灌入坛内。若坛沿水不清洁，会带进杂菌，污染泡菜水，造成危害。故坛沿水应以浓度10%的盐水为好，并注意经常更换，以防坛沿水变质。发酵中应每天揭盖一次，防止坛沿水倒灌。在泡菜的完熟和取食阶段，有时坛中会长膜生花，此由好氧性有害酵母引起，会降低泡菜酸度，使组织软化，甚至导致腐败菌生长而造成泡菜败坏。补救方法是先将菌膜捞出，再加入少量酒精或白酒，或加入洋葱、生姜片等，密封几天，花膜可自行消失。此外，泡菜中切忌带入油脂，因油脂漂浮于盐水表面，会被杂菌分解而产生臭味。另外，取放泡菜务必用清洁的工具，以减少污染。

2.非发酵腌制品加工

(1)咸菜类加工工艺流程

原料选择→预整理→盐腌→包装→成品。

(2)咸菜类加工工艺要点

①原料选择：一般选择新鲜、无病虫害、肉质致密脆嫩且粗纤维少的蔬菜原料。

②预处理：包括削去菜根、剔除老叶、清洗、切分等工序。

③盐腌：根据蔬菜的含水量、质地老嫩、纤维含量及体积大小等，可采用多种不同的腌渍方法。比如一次重盐单腌法，即一次性将食盐全部加入并翻缸 3 次，成熟后再加盐贮存，以保持咸胚的营养成分和原有色泽。该方法主要适用于青椒等蔬菜。两次加盐双腌法是采用两次分批加入食盐腌制，主要适用于含水分多、体形完整的蔬菜，如乳黄瓜、菜瓜等。三次加盐法适用于含水量多且体形大的蔬菜，比如莴苣等。腌制时分批分次加入食盐，分段排卤，保证腌渍均匀，以利于贮存。浓盐卤浸泡法主要适用于质地坚硬致密、体积大、含水量少、干物质多的蔬菜，比如生姜、芥菜等。腌晒结合法主要适用于萝卜等半干性咸胚蔬菜，鲜菜经腌渍后含 6%~7%的盐分，同时浸出水溶性物质，再经日光晒制，可以减少细胞水分，保持咸胚质量，更利于装罐贮藏。此外，还有重盐晒干法，常用于盐水萝卜、盐水芥菜等重盐咸菜，其含盐量一般为 23%~24%。

④脱盐：咸菜胚食盐含量一般在 20%~22%，需要做脱盐处理。通常

将咸菜胚加入一定量的清水浸泡去咸，加水量与浸泡时间可根据咸菜胚盐分而定。

⑤包装：腌制成熟的腌菜需要采用合适的材料进行包装贮藏。比如玻璃罐藏多适用于乳黄瓜、萝卜头等蔬菜。塑料袋装贮藏多适用于干制菜。而坛装多适用于糖醋菜类产品。

第四节 果蔬罐制品加工

一 果蔬罐制品概述

果蔬罐制品主要是指将果蔬原料经预处理后密封在容器或包装袋中的制品，通过杀菌工艺杀灭微生物并在维持密闭和真空条件下，使产品得以在室温下长期保存。罐头是较为常见的果蔬罐制品。依据果蔬制作原料差异，罐头产品通常可分为水果罐头和蔬菜罐头。

1.水果罐头

以水果为主要原料制作的罐头制品可分为糖水类、果酱类和果汁类罐头。

(1)糖水类罐头

常用于果品罐头加工，主要是将水果原料预处理后，再注入一定浓度的糖液，或者先将果品放入糖浆中熬煮，再取出装罐，然后注入浓度较高的糖水，成为糖浆罐头或液态蜜饯罐头。该类制品能较好地保存原料固有的外形和风味，常见的有糖水板栗、黄桃罐头、糖水梨等产品。

(2)果酱类罐头

主要以水果或茄果类为原料，先将原料切碎并打浆，再熬煮成浓稠状，浓缩到固形物含量达到规定的标准（一般在65%以上），然后装罐，比如草莓酱罐头。

（3）果汁类罐头

以水果为主要原料经压榨而获得汁液，再经过滤、加糖，浓缩后装罐，比如苹果汁罐头。

此外，还有软罐头产品，比如果汁、果冻等。

2.蔬菜罐头

以蔬菜为主要原料制作的罐头制品可分为清渍类罐头、调味类罐头和醋渍类罐头。

（1）清渍类罐头

将新鲜蔬菜原料经预处理后，加入稀盐水或糖盐混合液或沸水或蔬菜汁而制成的罐头为清渍类罐头。这种罐头能基本保持新鲜蔬菜的色泽和风味、口感，开罐后多作为配菜使用。常见的有清水笋罐头、青刀豆罐头、清水蘑菇等。

（2）调味类罐头

茄汁茄子罐头、油焖笋罐头等均为调味罐头，该类产品一般需要和其他食材一起调制口味更佳。其他常见的调味类罐头还有胡萝卜酱罐头、香菇肉酱罐头等。

（3）醋渍类罐头

一般是将蔬菜原料经预处理后装罐，同时装入适量香辛料，然后加入醋和盐混合制成。或者在盐水中加入白砂糖、月桂叶、丁香、桂皮等香料，将混合好的调料加入罐头中。常见的有糖醋蒜罐头等。

二 果蔬罐制品加工

1.水果罐制品加工

(1)水果罐头加工工艺流程

原料选择→预整理→烫漂及脱气→装罐→糖液充罐→排气与真空→封罐与杀菌→成品。

(2)水果罐头加工工艺要点

①原料选择:一般选择新鲜、成熟适度、形状整齐、果肉致密且粗纤维少的果品原料。

②预处理:包括去皮、去核、切分等工序。

③烫漂及脱气:烫漂能有效防止果蔬酶促褐变。蒸汽烫漂多适用于小型果粒、片状或块状原料。

④糖液充罐:通常利用糖液充罐,可排除空气,增进风味等。原料整理好应尽快装罐,罐顶要留一定空隙,空隙过大会使空气增多而对食品保存不利,空隙过小容易在后续高温杀菌处理中引起罐头变形,影响杀菌效果。

⑤排气与真空:原料装罐注液后,在封罐前需要进行排气处理,目的是将顶部空隙和果品组织中的空气尽可能排除,使罐体形成一定真空度,防止果肉败坏。

⑥封罐杀菌:排气后应立即封罐,形成罐内真空环境,封罐后通常进行常压高温蒸汽杀菌处理。杀菌后立即用冷水冷却降温,即可获得包装成品。

2.蔬菜罐制品加工

(1)蔬菜罐头加工工艺流程

原料选择→预整理→护色及烫漂→装罐→排气与真空→封罐与杀

菌→冷却→成品。

(2)蔬菜罐头加工工艺要点

①原料选择:一般选择色泽鲜明、成熟度一致、纤维组织少且能耐高温处理的蔬菜原料。

②预处理:包括分拣、清洗等工序。

③护色及烫漂:护色主要是为了防止酶促褐变和叶绿素变色。一般可利用食盐水(浓度为 1%~2%)护色、亚硫酸盐护色、酸溶液(柠檬酸浓度为 0.5%~1%)护色等。烫漂和抽真空也能防止褐变。蔬菜的烫漂又称杀青,能有效防止其酶促褐变。通常利用沸水或热蒸汽做短时烫漂处理。

④装罐:装罐前的空罐要清洗消毒并沥干,且不宜放置太久。一般用热水浸泡或冲洗后再用蒸汽进行消毒。原料经预处理后应立即装罐,以免微生物污染引起变色、变味等。

⑤排气与真空:原料注液后应立即进行排气处理。罐液注入时温度在 80 ℃左右。充填液多为盐水。盐水配制原料主要为精盐,要纯净,不含铁、钙等杂质,氯化钠含量在 98%以上,以防止蔬菜中单宁等与其生成黑色化合物,导致蔬菜变色或形成沉淀物。

⑥封罐杀菌:排气后应立即封罐,密封和排气相互配套,同时进行,形成罐内真空环境。封罐后通常进行杀菌处理。杀菌可采用常压杀菌或加压杀菌方式。常压杀菌通常温度为 85~100 ℃,在小型立式开口锅或水槽内进行。加压杀菌是在密闭的加压容器内,通过加压升温进行杀菌处理,杀菌温度通常为 110~121 ℃。目前通常采用高压蒸汽杀菌处理。

⑦冷却及贮藏:浸水冷却或喷淋水冷却是常用的冷却方式。冷却后再置于 20 ℃的常温条件下贮藏。

第五节 果蔬汁饮料加工

一 果蔬汁饮料概述

果蔬汁饮料通常是指以新鲜或冷藏果蔬(少数采用干果)为原料,经过清洗、挑选、压榨取汁或浸提取汁,再经过过滤、装瓶、杀菌等工序制成的汁液。以果蔬汁为基料,添加糖、酸、香料、色素和水等物料可调配成果蔬汁饮料。依据我国《饮料通则》(GB/T 10789—2015)中的规定,果蔬汁类及其饮料是以水果和(或)蔬菜(包括可食的根、茎、叶、花、果实)等为原料,经加工或发酵制成的液体饮料,通常可分为果蔬汁(浆)、浓缩果蔬汁(浆)以及果蔬汁(浆)类饮料三类。

1.果蔬汁(浆)

以水果或蔬菜为原料,采用物理方法(机械方法、水浸提等)制成的可发酵但未发酵的汁液、浆液制品;或在浓缩果蔬汁(浆)中加入其加工过程中除去的等量水分复原制成的汁液、浆液制品,如原榨果汁(非复原果汁)、果汁(复原果汁)、蔬菜汁、果浆或蔬菜浆、复合果蔬汁(浆)等。

2.浓缩果蔬汁(浆)

以水果或蔬菜为原料,从采用物理方法榨取的果汁(浆)中除去一定量的水分制成的具有果汁(浆)或蔬菜汁(浆)应有特征的制品。浓缩果蔬汁(浆)含有不少于两种浓缩果汁(浆),或浓缩蔬菜汁(浆),或浓缩果汁(浆)和浓缩蔬菜汁(浆)。

3.果蔬汁(浆)类饮料

以果蔬汁(浆)、浓缩果蔬汁(浆)为原料,添加或不添加其他食品原

辅料和(或)食品添加剂,经加工制成的制品,如果蔬汁饮料、果肉(浆)饮料、复合果蔬汁饮料、果蔬汁饮料浓浆、发酵果蔬汁饮料、水果饮料等。

二 果蔬汁及其饮料加工

1.果蔬汁加工工艺

(1)工艺流程

①原料选择→破碎→热处理和酶处理→取汁→粗滤→成分调整→澄清和精滤→浓缩→浓缩汁。

②原料选择→破碎→热处理和酶处理→取汁→粗滤→成分调整→澄清和精滤→杀菌→装罐→澄清汁。

③原料选择→破碎→热处理和酶处理→取汁→粗滤→成分调整→均质和脱气→浓缩→浓缩混浊汁。

④原料选择→破碎→热处理和酶处理→取汁→粗滤→成分调整→均质和脱气→杀菌→装罐→混浊汁。

(2)工艺要点

①原料选择:一般选择色泽好、无异味、无腐烂、无病虫害和机械损伤、取汁容易且出汁率较高的原料。

②破碎:通常采用打浆方式进行果蔬破碎处理。一般苹果、梨、胡萝卜等果蔬,经过破碎处理能有效提高其出汁率。

③热处理和酶处理:果蔬经热处理使得果肉软化以及果胶部分水解,有利于降低果蔬汁黏度和抑制多种酶类,减少产品发生分层、变色以及产生异味等不良变化。果蔬经外源添加的酶类(果胶酶、纤维素酶和半纤维素酶等)处理,可促进果肉组织分解,进而提高出汁率。

④取汁:通常采用压榨和渗出法进行果蔬取汁处理。大多数果蔬含有丰富的汁液,多采用压榨法取汁。部分浆果如山楂、乌梅、杨梅、草莓等

也可采用渗出法取汁液，以提升产品色泽和风味。

⑤粗滤：通常采用筛滤处理，一般滤筛孔径为0.5毫米即可达到粗滤要求。对于浑浊果蔬汁，只需要去除悬浮大颗粒，如果肉纤维、果皮和果核等物质。而制备澄清汁，还需要精滤处理，或者先澄清再过滤，以去除全部悬浮颗粒。

⑥成分调整：为了使果蔬汁符合一定规格要求和改进产品风味，需要进行适当的糖酸成分调整，但调整范围不宜过大，以免失去原果蔬风味。原果蔬汁一般利用不同产地、不同成熟期、不同品种的同类原汁进行调整，取长补短，而混合汁可用不同种类的果蔬汁混合调整。

⑦澄清和精滤：澄清处理能除去浑浊果蔬汁中的细小果肉粒子、胶体物质等。常用的澄清方法有明胶单宁澄清法、加酶澄清法、冷冻澄清法、加热凝聚澄清法等多种方式。明胶单宁澄清法是利用溶液中带负电荷的胶状物质和带正电荷的明胶相互作用而凝结沉淀进行澄清。加酶澄清法是添加果胶酶制剂水解溶液中的果胶物质，进而使果汁中其他胶体失去果胶的保护作用而形成沉淀。此外，还可利用冷冻或加热处理改变溶液胶体特性而达到澄清处理目的。精滤是将沉淀出来的浑浊物除去。一般采用合适的过滤设备进行精滤处理，常用的过滤设备有纤维过滤器、板框压滤机、真空过滤器、离心分离机等装置。

⑧均质和脱气：浑浊果蔬汁生产中需要均质处理，使溶液中的细小颗粒进一步破碎，保持均一浑浊状态，提高溶液稳定性，提升产品细度和口感。常用的均质设备有高压均质机和胶体磨。脱气处理能够去除果蔬汁中存在的氧气，防止和减轻浑浊汁中的色素、维生素C以及香气成分等的氧化损失。常采用真空脱气法（真空脱气机）、气体置换法（充入氮气、二氧化碳等惰性气体）以及化学脱气法（加入脱氧剂）等进行脱气处理。

⑨浓缩：果蔬汁经浓缩处理更利于产品的包装与储运。常用的浓缩方法有真空浓缩法（通常为23~35 ℃/94.7 kPa）、冷冻浓缩法（可溶性物质大于50%）以及反渗透浓缩法（选用醋酸纤维膜和其他纤维素膜）。

⑩杀菌：通常采用巴氏杀菌法和高温瞬时杀菌法。巴氏杀菌法多适用于酸性果蔬汁，通常杀菌条件为80 ℃，15~30分钟。高温瞬时杀菌法对于酸性果蔬汁处理条件为95℃，15~45分钟，而低酸性果蔬汁为120℃，3~10秒。该杀菌方法对果蔬汁风味和色泽保持相对较好而被广泛采用。

⑪装罐：果蔬汁经杀菌后的灌装可采用高温灌装（热灌装）和低温灌装（冷灌装）两种方式。热灌装是果蔬汁普遍采用的灌装方式，而碳酸饮料一般采用低温灌装方式。

2.果蔬汁饮料加工工艺

（1）工艺流程

调配→灌装→密封→杀菌→冷却→成品。

（2）工艺要点

①调配：确定果蔬原汁含量和糖酸比。一般先将白砂糖溶解调配成浓度为55%~65%的浓糖浆，再依次加入预先配制成一定浓度的甜味剂、防腐剂、柠檬酸、色素、香精等添加剂和原果汁。蔬菜汁饮料一般需用食盐、味精调配。最后用软化工厂水定容、过滤。

②其他工艺：可依照果蔬汁生产工艺进行操作。

第六节 果蔬粉及脆片加工

一 果蔬粉概述

果蔬粉主要是以新鲜水果或蔬菜为原料，先干燥脱水，再进一步粉碎获得的产品；或者先打浆，果蔬浆均匀后再进行喷雾干燥获得的产品。果蔬粉按其加工工艺，通常可分为果蔬速溶粉和果蔬超微粉等产品类型。

1.果蔬速溶粉

果蔬速溶粉通常以新鲜果蔬为原料，经清洗等预处理后再经压榨或打浆工艺获得果蔬汁，通过浓缩和干燥后获得。

2.果蔬超微粉

通常是将新鲜果蔬通过热风干燥或真空冷冻干燥后，再经超微粉碎加工成果蔬粉，其产品颗粒度小且适口性好，含水量一般低于6%，能有效延长贮藏期，降低贮藏、运输、包装等费用；果蔬经低温干制、粉碎后，更易于消化，其中的膳食纤维等可以得到充分利用，也减少了加工废渣，进而拓展其应用范围。

二 果蔬粉加工

目前果蔬粉制备技术主要有喷雾干燥制粉、热风干燥制粉、真空冷冻干燥制粉及超微粉碎加工制粉等。

1.喷雾干燥制粉

喷雾干燥制粉是果蔬粉加工中最为常用的方法。通常是将果蔬的可食部分切碎后，经灭菌、调和、喷雾干燥后制成果蔬粉。由于水果中含的葡萄糖和果糖较多，喷雾干燥比较困难。目前针对水果多采用添加助干剂（如淀粉、糊精、麦芽糊精、大豆蛋白、阿拉伯胶、果胶等）和防潮剂（如食用硅胶、羧甲基纤维素等）等方法。目前应用喷雾干燥制备的果蔬粉通常有番茄粉、枣粉、猕猴桃粉、杧果粉、速溶茶粉等。

2.热风干燥制粉

热风干燥也是目前生产上常用的干燥方法之一。耐热性好的富含膳食纤维的原料，可用此法来干燥、制粉。比如通过热风干燥，用胡萝卜皮制备抗氧化活性高的膳食纤维粉。还可将柠檬榨汁的残留物经热风干燥后，制备具有功能活性的膳食纤维粉。

3.真空冷冻干燥制粉

利用真空冷冻干燥技术可制备土豆粉、蘑菇粉及草莓粉等产品。真空冷冻干燥可以减少食品色、香、味及营养成分的损失，所得产品品质较好，是目前高品质果蔬粉主要的生产方式。

4.超微粉碎加工制粉

一般根据原料和成品颗粒的大小或粒度，粉碎可分为粗粉碎、细粉碎、微粉碎和超微粉碎四种类型。目前我国果蔬粉加工主要以细粉碎和微粉碎为主。超微粉，一般是指粒径在10~25微米的物质，其属性有明显改变。超微粉碎可以显著提高果蔬粉的部分性能。果蔬粉的超微细化使其物理性能提高，营养成分更容易消化，口感更好。目前常见的果蔬超微粉有抹茶粉、紫薯粉等产品。

三 果蔬脆片概述

果蔬脆片是近年来发展比较快的即食型休闲类果蔬干制品，因其具有口感酥脆、营养丰富、方便携带、老少皆宜的特点而深受消费者欢迎，其未来发展前景广阔。通常果蔬脆片可分为油炸型果蔬脆片和非油炸型果蔬脆片两类。

1.油炸型果蔬脆片

果蔬脆片是水果脆片和蔬菜脆片的统称。根据国家轻工行业标准《果蔬脆》(QB/T 2076—2021),果蔬脆片是以水果、蔬菜或食用菌的一种或多种为主要原料,添加或不添加其他配料,经真空油炸脱水等工艺,调味或不调味而制成的口感酥脆的果蔬制品。果蔬脆片按主要原料可分为水果脆、蔬菜脆、食用菌脆、什锦果蔬脆和复合果蔬脆。

(1)水果脆

以水果为主要原料,添加或不添加其他配料,经真空油炸脱水等工艺,调味或不调味而制成的口感酥脆的水果制品。

(2)蔬菜脆

以蔬菜为主要原料,添加或不添加其他配料,经真空油炸脱水等工艺,调味或不调味而制成的口感酥脆的蔬菜制品。

(3)食用菌脆

以食用菌为主要原料,添加或不添加其他配料,经真空油炸脱水等工艺,调味或不调味而制成的口感酥脆的食用菌制品。

(4)什锦果蔬脆

以水果脆、蔬菜脆和食用菌脆中的两种或两种以上组合后包装的产品。

(5)复合果蔬脆

以水果脆、蔬菜脆和食用菌脆中的两种或两种以上为主要原料,添加其他配料,经再加工而成的产品。

2.非油炸型果蔬脆片

非油炸水果、蔬菜脆片,按《非油炸水果、蔬菜脆片》(GB/T 23787—

2009)及是否添加调味料可分为原味型和调味型两种类型。

(1)原味非油炸型果蔬脆片

以水果、蔬菜为原料,经(或不经)切条(块)后,采用非油炸脱水工艺制成的口感酥脆的果蔬干制品。

(2)调味非油炸型果蔬脆片

在原味非油炸型果蔬脆片中添加调味料后制成的口感酥脆的果蔬干制品。

四 果蔬脆片加工

1.果蔬脆片类型

果蔬脆片的加工原料主要是水果、蔬菜和食用菌,一般按原料大致分为三类:其一,水果类原料,如苹果、黄桃、冬枣等;其二,蔬菜类原料,如黄秋葵、胡萝卜、南瓜、紫薯等;其三,食用菌类原料,如常见的香菇、平菇等。

2.常规加工工艺

(1)原料选择

脆片的原材料要求十分严格,必须选择优质的水果和蔬菜,并确保原料的安全卫生。因为制作脆片的原料不同,所以不同的产品原料要制定不同的验收标准。以苹果为例,首先就是要看苹果是什么品种,因为有的品种由于自身特性,不适合做脆片的原料。要注意选择品种纯正、成熟度好且无腐烂、变质、病虫害的果了。

(2)原料的预处理

预处理包括分选、清洗、去皮、去核、切分等程序。不同的原料清洗方法也不一样。例如在清洗苹果时,首先要将苹果在清水池中浸泡30~40分钟,然后用气泡清洗机对苹果进行清洗。对于胡萝卜和香菇,清洗时则省去浸泡这一环节，直接用气泡清洗机或者人工进行清洗即可。原料清洗干净后，就要进行去皮、去核和切片处理。切片尤为关键，比如苹果片若切得过薄很容易碎；若切得过厚则不易炸透，还会使苹果的水分不易脱出，影响口感，易导致产品色泽变暗。

(3)护色处理

果蔬经上述处理后，其内部组织暴露在空气中，在多酚氧化酶的作用下，多酚类物质会发生酶促褐变，出现不利于成品质量的色泽，为此要进行护色处理，即将果蔬片浸泡在食盐或有机酸液中，以隔绝氧气。

(4)灭酶处理

一般采用烫漂或其他热处理(杀青)的方法软化组织，同时除去涩味和蜡质。烫漂的工艺参数因原料品种而定，一般为 80~100 ℃，2~8 分钟。

(5)浸渍处理

浸渍主要是利用浸渍液与果蔬内部的浓度差置换出水分，增加物料固形物含量。此外，浸渍液成分对产品还能起到一定的调味作用。目前常用的浸渍液有蔗糖、糊精、淀粉糖浆、多糖类等渗透压高且具有一定浓度和黏度的物质。

(6)速冻处理

目的是提高脆片的膨化度，增加制品的酥脆感，减少果蔬片的变形，且有利于真空油炸时水分逸出，一般速冻处理工艺参数为-18 ℃条件下处理12 小时。

(7)真空油炸

在放入原料前煎炸油须预热至 110 ℃，然后将装有果蔬片的筐放入油锅内，立即密封抽真空。不同原料油炸时间的长短也是不同的：水果类，例如苹果，低温油炸时间 25 分钟即可；蔬菜类，如胡萝卜，低温油炸时间控制在 40~50 分钟；食用菌类，例如香菇，则需低温油炸 30 分钟。

(8)脱油

脱油的目的是降低油炸制品的含油量。脱油的方法:可在常压下用离心机脱油，条件为 1 000~1 500 转/分、10 分钟；也可在真空状态下甩干,条件为 120~130 转/分、1~2 分钟,这比常压下高速旋转、长时间脱油效果好。

(9)冷却和包装

加工好的脆片必须进行冷却处理。可将脆片均匀地铺在不锈钢操作台上,使其自然冷却。为使产品质量更安全,更有保证,产品包装前还要进行金属探测。脆片在通过各项检测并确定合格后,就可以进行包装。可以将脆片倒在全自动包装机的传送通道上，传送通道将脆片传到自动分量器处,自动分量器将脆片分成相等的分量,然后进行装袋、封袋等操作。

第五章 畜禽及水产品加工技术

我国畜禽及水产品资源丰富,种类多而分布广。畜禽及水产品通过各种加工处理,可改进食用品质并延长其保质期。

第一节 肉制品加工

一 肉制品概述

通常,畜禽经放血屠宰后,除去皮、毛、头、蹄、骨及内脏后剩下的可食部分,再经过进一步加工处理生产的产品称为肉制品。在肉品工业化生产中,把刚屠宰后不久体温还没完全散失的肉称为热鲜肉;经过一段时间冷却处理,保持低温(0~4 ℃)而不冻结状态的肉称为冷却肉;而经低温冻结后(-23~-15 ℃)的肉称为冷冻肉。一般肉制品按照加工类型可分为中式肉制品和西式肉制品。

1.中式肉制品

中式肉制品历史悠久。因产地和加工方法不同,一般可分为腌腊制品、酱卤制品、烧烤制品、灌肠制品、烟熏制品、发酵制品、肉干制品、油炸制品、罐头制品以及速冻制品等产品类型,尤以腌腊制品、酱卤制品、烧烤制品和肉干制品为肉制品典型代表。

(1)腌腊制品

指畜禽肉经腌制、酱制、晾晒(或烘烤)等工艺加工而成的生肉类制品,食用前还需经熟化加工。我国腌腊制品主要有咸肉、腊肉、板鸭、腊肠以及中式火腿等产品。

(2)酱卤制品

酱卤制品是原料肉经预煮后,再添加香辛料和调味料加水煮制而成的。酱卤制品通常为熟食,产品酥软,风味浓郁,可现做现吃,不适宜储藏。一般将其分为白煮肉类(如白斩鸡、盐水鸭)、酱卤肉类(如苏州酱汁肉、符离集烧鸡、德州扒鸡、糖醋排骨)以及糟肉类(如糟肉、糟鸡、糟鹅)等产品类型。

(3)肉干制品

指肉经预加工后再脱水干制而成的一类熟肉制品。一般产品形式有肉干、肉松、肉脯等。

(4)烧烤制品

指原料肉经预处理、腌制和烤制等工序加工而成的一类熟肉制品。通常产品色泽诱人、香味浓郁。其产品类型有北京烤鸭、广东脆片乳猪、叫花鸡等。

2.西式肉制品

西式肉制品起源于欧洲,在北美等西方国家较为流行,产品主要有西式香肠、西式火腿和培根三大类。

(1)西式香肠

指原料肉经绞切、斩拌或乳化成肉馅(肉丁、肉糜或混合物)并添加调味料、香辛料或填充料,充入肠衣内,再经烘烤、蒸煮、烟熏、发酵、干燥等工艺制成的香肠类肉制品。香肠制品种类较多,一般分为生鲜香肠、生熏肠、熟熏肠和干制、半干制香肠四大类。

(2)西式火腿

一般由猪肉加工而成,因与我国火腿的形状、加工工艺、风味等有很大差异,我们习惯上称其为“西式火腿”。西式火腿主要包括带骨火腿、去骨火腿、盐水火腿等。该类产品除了带骨火腿为半成品,其他均为可直接食用的熟制品,产品的标准化和机械化程度较高。

(3)培根

其原意为“烟熏肋条肉”(即方肉)或“烟熏咸背脊肉”。其风味除带有适口的咸味外,还有浓郁的烟熏香味。产品外皮油润,呈金黄色,皮质坚硬,瘦肉呈深棕色。切开后肉色鲜艳。培根有大培根、排培根和奶培根3种。

二 肉制品加工

1.酱卤制品加工

(1)烧鸡加工

①选料:选择鸡龄在6~24个月,活重为1.5~2.0千克的无病健康鸡。

②宰杀造型:宰杀后去内脏、爪及臀尖。撑开鸡腹,并将两侧大腿插入腹下三角处,两翅交叉,将其中一翅插入鸡口腔内,使鸡体成为两头尖的半圆形。造型完毕及时浸泡在清水中1~2小时,然后取出沥干。

③上色油炸:用饴糖水或焦糖液涂布鸡体全身,然后置于150~180℃植物油中,油炸1分钟左右,待鸡体表面呈金黄色时取出。注意控制油温,若温度偏低会造成鸡体上色不佳。

④卤制:先配制卤汁,100只鸡,加砂仁15克、丁香3克、肉桂90克、陈皮30克、肉豆蔻15克、草果30克、生姜90克、食盐2~3克、亚硝酸钠15~18克。将鸡置于卤汁中,淹没,加热煮沸2~3小时,具体时间依据季节、鸡龄、体重等而调整,煮熟后立即出锅。

⑤包装与保藏：将卤制好的烧鸡静置冷却后即可鲜销，也可真空包装，或冷藏保藏，还可经高温高压杀菌后长期保藏。

(2)盐水鸭加工

①选料：选择新鲜优质鸭子为原料。一般活鸭重 2 千克左右，鸭体丰满，肥瘦适度。宰杀后去毛、内脏等，然后清洗干净。

②腌制：先干腌，即将食盐和八角粉一起炒制后，涂布鸭体内外表面，用盐量为鸭重的6%左右，涂布后堆码腌制 2~4 小时。然后抠卤，再行复卤 2~4 小时，即可出缸。复卤是用老卤腌制。老卤主要是添加生姜、葱、八角蒸煮，再加入过饱和食盐水制成的。

③煮制：在水中加入生姜、八角、葱，煮沸半小时，然后将腌制鸭放入水中，保持水温为 80~85 ℃，加热处理 1~2 小时。在煮制过程中，维持温度不超过 90 ℃，温度过高会导致肉质变老，失去鲜嫩特色。

④冷却包装：煮制完毕，静置冷却，然后真空包装，也可冷却后直接鲜销。

2.腌腊制品加工

(1)腊肉加工

①选料：选择肥瘦层次分明的去骨五花肉或其他部位的肉，切成肉条，一般每条重 0.2~0.25 千克，在肉条一端穿孔并系绳吊挂。

②腌制：一般采用干腌法或湿腌法腌制。按每 100 千克原料肉计，配精盐 3 千克、白砂糖 4 千克、曲酒 2.5 千克、酱油 3 千克、亚硝酸钠 10 克。用清水溶解配料，倒入容器中，然后放入肉条，搅拌均匀，每隔半小时搅拌翻动一次，于 20 ℃下腌制 4~6 小时。通常腌制温度越低，所需腌制时间越长。肉条充分吸收配料后，取出肉条，滤干水分。

③烘烤或熏制：一般将温度控制在 45~55 ℃，烘烤或熏制时间为 1~3 天，依据皮肉颜色做判断：烘烤或熏制完成后，皮干，瘦肉呈玫瑰红色，肥

肉透明或呈乳白色。常用木炭等在不完全燃烧的情况下进行熏制，使肉制品具有独特腊香。

④包装冷藏：冷却后的肉条可采用真空包装，即可放在 20 ℃下长期保藏。

(2)板鸭加工

①选料：选择优质瘦肉型鸭为原料。一般活鸭重 1.5~2 千克。宰杀后去毛、翅、脚、内脏等，然后清洗干净，并沥干水分，压扁鸭体。

②腌制：先配制炒盐。将食盐放入锅内，加入适量八角(按盐重的 0.5%计)，用火炒制。用炒盐涂遍鸭外表及体腔，特别注意大腿、颈部切口处、口腔及胸部等需充分涂抹。将处理好的鸭子叠放在腌缸中，每隔 12 小时左右翻动一次，倒出腹腔中的血卤，该工艺为抠卤。将抠卤后的鸭子再叠放于腌缸中，经 8 小时腌制后进行第二次抠卤，直至将鸭子全部腌透。经过抠卤后，去除血卤的鸭子要进行复卤。可用老卤灌满鸭腔体，置于腌缸内腌制 15~20 小时。

③排胚：将腌制好的鸭子从腌缸中取出，倒净卤水，然后置于案板上，背部向下，腹部向上，右掌和左掌相互叠起，放于鸭胸部，使劲下压，将鸭压扁。将鸭叠放入缸中 2~4 小时，取出，用清水洗净鸭体，用手将嗉口(颈部)、胸腹部和双腿理开，准备晾挂。

④晾挂保存：将经过排胚的鸭子晾挂在仓库内，仓库四周要通风，不受日晒雨淋。晾挂 2~3 周即可得到成品。

第二节　乳制品加工

一　乳制品概述

乳是哺乳动物分娩后由乳腺分泌的一种白色或微黄色的不透明液体。乳中含有丰富的蛋白质和脂肪，适于消化吸收。乳的分类按其来源可分为牛乳、羊乳、马乳等，按分泌时间可分为初乳、常乳和末乳。在乳制品工业中，常按加工性质将乳分为常乳和异常乳。目前，我国乳制品主要包括液态乳（巴氏杀菌乳、灭菌乳、酸乳）、乳粉（全脂乳粉、脱脂乳粉、部分脱脂乳粉、调制乳粉、牛初乳粉）、炼乳、干酪、乳脂肪（奶油）以及副产品（干酪素、乳糖、乳清粉和乳清蛋白）等产品类型。

1.液态乳

液态乳通常是由健康奶牛或乳羊所产的鲜乳汁，经有效加热杀菌处理后，分装出售的饮用牛乳。液体乳是巴氏杀菌乳、灭菌乳和酸乳等 3 类乳制品的总称。

（1）巴氏杀菌乳

以生鲜牛乳或羊乳为原料，经巴氏杀菌工艺制成的液体产品。经巴氏杀菌后，生鲜乳中的蛋白质及大部分维生素基本无损，但是没有完全杀死所有微生物，所以杀菌乳不能常温储存，需低温冷藏储存，保质期为 2~15 天。

（2）灭菌乳

以牛（羊）乳或混合奶为原料，脱脂或不脱脂，添加或不添加辅料，经超高温瞬时灭菌、无菌灌装或保持灭菌而制成的达到“商业无菌”要求的液态产品。由于生鲜乳中的微生物全部被杀死,灭菌乳不需冷藏,常温下保质期为1~8个月。

(3)酸乳

以生鲜牛(羊)乳或复原乳为主要原料,添加或不添加辅料,使用保加利亚乳杆菌、嗜热链球菌等菌种发酵制成的产品。按照所用原料的不同,分为纯酸牛乳、调味酸牛乳、果料酸牛乳;按照脂肪含量的不同,可分为全脂酸牛乳、部分脱脂酸牛乳、脱脂酸牛乳等品种。

2.乳粉类

乳粉类可包括全脂乳粉、脱脂乳粉、调味乳粉等多种产品。

(1)全脂乳粉

通常以新鲜牛(羊)乳为原料,经浓缩、喷雾干燥制成的粉状产品。由于全脂乳粉是用纯乳生产的,因此全脂乳粉可基本保持鲜乳中的原有营养成分。

(2)脱脂乳粉

一般先将牛(羊)乳中的脂肪经高速离心机脱去,再经过浓缩、喷雾干燥而制成。脱脂奶粉主要用作加工其他食品的原料,或是供特殊营养需要的消费者食用。

(3)调制乳粉

通常以生牛(羊)乳或其加工制品为主要原料,添加其他原料,添加或不添加食品添加剂和营养强化剂,经加工制成的乳固体含量不低于70%的粉状产品。调制乳粉可包括婴儿乳粉、牛乳豆粉等。

3.炼乳类

以生鲜牛(羊)乳或复原乳为主要原料,添加或不添加辅料,经杀菌、浓缩制成的黏稠态产品。按照添加或不添加辅料,分为全脂淡炼乳、全脂加糖炼乳、调味/调制炼乳、配方炼乳。

4.干酪类

(1)干酪

以生鲜牛(羊)乳或脱脂乳、稀奶油为原料,经杀菌、添加发酵剂和凝乳酶,使蛋白质凝固,排出乳清,制成的固态产品。

(2)干酪素

以脱脂牛(羊)乳为原料,用酶或盐酸、乳酸使所含酪蛋白凝固,然后将凝块过滤、洗涤、脱水、干燥而制成的产品。

5.乳脂肪

以生鲜牛(羊)乳为原料,用离心分离法分出脂肪,此脂肪成分经杀菌、发酵或不发酵等加工过程,制成的黏稠状或质地柔软的固态产品。按脂肪含量不同,分为稀奶油、奶油、无水奶油。

6.其他乳制品类

(1)复原乳

亦称还原乳或还原奶,是指以乳粉为主要原料,添加适量水制成的与原乳中水、固体物比例相当的乳液。

(2)发酵乳

以生乳为原料,添加乳酸菌,经发酵制成的饮料或食品,大多未经过调味。

此外,还有以特种生鲜乳(如水牛乳、牦牛乳、马乳、骆驼乳等)为原料加工制成的各种乳制品,或具有地方特点的乳制品(如奶皮子、奶豆腐等)。

二 乳制品加工

1.消毒乳加工

消毒乳又称杀菌乳,是主要以新鲜牛乳、稀奶油等为原料,经净化、均质、杀菌、冷却、包装后，可直接饮用的商品乳。

(1)工艺流程

原料乳验收与分级→过滤或净化→标准化→均质→杀菌→冷却→灌装→检验→冷藏。

(2)技术要点

①原料乳验收及分级、过滤或净化：对原料乳的质量必须严格管理与检验。符合标准的原料乳才能作为生产原料。原料乳再经过滤或净化处理，除去乳中的尘埃及杂质。

②标准化：目的是保证乳中含有规定的最低限度的脂肪。一般低脂奶含脂率为0.5%，而普通奶为3.0%，凡不符合标准的乳都需要进行标准化处理。

③均质：可以全部均质，也可部分均质。在部分均质时，稀奶油含脂率不应超过12%。通常进行均质的温度为65℃，均质压力为10~20兆帕。

④杀菌：加工巴氏消毒乳时，一般采用高温短时巴氏杀菌，即温度为75℃，持续15~20秒，或者80~85℃，10~15秒。加工超高温杀菌（超高温瞬时杀菌）乳时，一般采用120~150℃，0.5~8秒杀菌。

⑤冷却、灌装：杀菌乳处理后需及时进行冷却，通常将乳冷却至4℃左右，以延长产品保存期。灌装容器主要为玻璃瓶、乙烯塑料瓶、复合纸袋等。

2.酸乳加工

酸乳（俗称酸奶）是指添加（或不添加）乳粉（或脱脂乳粉）的乳（杀菌乳或浓缩乳）中，通过保加利亚乳杆菌和嗜热链球菌的作用进行乳酸发酵制成的凝乳状产品，成品中必须含有大量的、相应的活性微生物。凝固型酸乳，其发酵过程在包装容器中进行，从而使成品因发酵而保留其凝乳状态；搅拌型酸乳，其成品是先发酵后灌装得到的。发酵后的凝乳已在灌装前或灌装过程中被搅碎而呈黏稠状。

(1)工艺流程

①原料乳预处理→标准化→配料→均质→杀菌→冷却→加乳酸菌发酵剂→灌装在零售容器内→在发酵室发酵→冷却→后熟→凝固型酸乳。

②原料乳预处理→标准化→配料→均质→杀菌→冷却→加乳酸菌发酵剂→在发酵罐中发酵→冷却→添加果料→搅拌→灌装→后熟→搅拌型酸乳。

(2)技术要点

①原料乳预处理:鲜乳中总乳固体不低于11.5%。为提高固形物含量,可添加脱脂乳粉,并可加入果料等营养风味辅料。常添加6.5%~8%的蔗糖或葡萄糖,以提高酸乳甜度和黏度,有助于酸乳凝固。还可加入稳定剂如明胶、果胶和琼脂,添加量一般在0.1%~0.5%。

②配合料均质与杀菌:均质压力一般为20~25兆帕,杀菌条件为90~95℃,处理5分钟左右。

③灌装:可选择玻璃瓶或塑料瓶,在装罐前需对容器进行蒸汽灭菌处理。

④发酵:用保加利亚乳杆菌与嗜热链球菌的混合发酵剂时,温度保持在41~42℃,培养时间为2.5~4.0小时。

⑤冷却:发酵好的凝固酸乳,应立即转移至0~4℃冷库中储藏24小时,再出厂销售。

第三节　蛋品加工

一 蛋品概述

我国的蛋品一般分为鲜蛋、腌制蛋和蛋制品三大类。鲜蛋主要有鸡蛋、鸭蛋和鹅蛋,此外鹌鹑蛋和鸽蛋也有一定的生产规模。腌制蛋是鲜蛋经过盐、碱、糟、卤等辅料加工腌制而不改变蛋形的蛋制品,比如松花蛋、咸蛋、糟蛋、卤蛋以及虎皮蛋等。蛋制品是鲜蛋经打蛋、过滤、冷冻(或干燥、发酵)、添加防腐剂等加工处理而改变蛋形的蛋制品,主要有冰蛋品、干蛋品和湿蛋品。此外,还有副产品,比如溶菌酶、蛋壳粉等产品。

1.腌制蛋

腌制蛋也叫再制蛋,它是在保持蛋原本形状的情况下,主要经过盐、碱、糟、卤等辅料加工处理后制成的蛋制品,包括皮蛋、咸蛋、糟蛋以及其他多味蛋等。

(1)皮蛋

又称松花蛋,因成品蛋清上有松花样的花纹而得名,又因成品的蛋清似皮冻、有弹性而称皮蛋。按蛋黄凝固程度不同,可分为溏心皮蛋和硬心皮蛋;按加工辅料不同,可分为无铅皮蛋、五香皮蛋和糖皮蛋等类型。其加工方法有浸泡法、直接抱泥法、滚灰法以及烧碱溶液浸泡法等。

(2)咸蛋

主要是由食盐腌制而成。常用盐泥涂布法和盐水浸泡法两种加工方法。

(3)糟蛋

主要以新鲜鸭蛋为原料,经优良糯米酒糟装坛糟制而成。

2.干蛋

干蛋是指以鲜鸡蛋或者其他禽蛋为原料,取其全蛋、蛋白或蛋黄部分,经加工处理(可发酵)、喷粉干燥工艺制成的蛋制品,比如巴氏杀菌全蛋粉、蛋黄粉等。

3.冰蛋

冰蛋是指以鲜鸡蛋或其他禽蛋为原料,取其全蛋、蛋白或蛋黄部分,经冷冻工艺处理而制成的蛋制品。比如巴氏杀菌冻鸡全蛋、冻鸡蛋黄、冰鸡蛋白。

此外,还有其他蛋制品,比如蛋黄酱、色拉酱等产品。

二 腌制蛋加工

1.皮蛋加工

皮蛋是我国独有的传统腌制蛋,它具有色泽美观、光泽透亮、营养丰富和风味独特的优点,深受消费者的喜爱。一般皮蛋加工多采用浸泡包泥法。通常是先用浸泡法制成溏心皮蛋,再用含有汤料的黄泥包裹,最后滚稻壳、装缸、密封贮存。

(1)工艺流程

料液配制→验料→装缸浸泡→成熟期管理→出缸→品质检查→涂泥包糠→装箱贮存。

(2)操作要点

①料液配制:目前料液配方国内各地有一定差异。通常可加入纯碱、生石灰、黄丹粉、食盐、红茶末、松柏枝等,添加一定量水,通过熬制等配制成料液。

②验料:主要检验配料浓度的适宜性。可采用简易测定法、波美比重法和化学分析法。简易测定法通常是将鲜蛋的蛋白滴入料液内,经15分钟后根据蛋白的凝固状况来进行粗略判定。若蛋白不凝固,证明料液中碱液不足,应补加适量纯碱和生石灰,再经测试合格后方可使用。若蛋白凝固且1小时内溶化,说明料液浓度合适;若凝固蛋白在半小时内溶化,显示料液太浓,需补加适量水稀释。

③装缸与浸泡:装缸前应在缸底铺一层清洁的麦秸以防蛋被压破。装缸时应轻拿轻放,一层一层横向摆实。最上层蛋应离缸口15厘米左右,并压紧,防止蛋体上浮,然后将料液灌入缸内至蛋被全部浸没。浸泡过程中若蛋壳外露,应及时补加料液。

④成熟期管理:首先应控制室温在20~24℃,其次要勤观察,勤检查。一般皮蛋浸泡时间为30~40天,夏季浸泡时间稍短,冬季稍长。

⑤出缸:成熟的皮蛋在手中抛掷时有轻微的弹颤感。灯光透射时蛋呈现灰黑色,蛋小端呈红色或棕黄色。剖开检查时,蛋白凝固良好,光洁、不沾壳、呈墨绿色,蛋黄呈绿褐色。出缸后的皮蛋应先用冷开水清洗蛋表面的碱液和污物,然后晾干。

⑥品质检查:晾干后的皮蛋应及时检查。通常采用“一看、二掂、三摇晃、四照”方法。一看,即观察皮蛋是否完整,壳色是否正常,并剔除黑壳蛋和裂纹蛋。二掂,即将皮蛋在手中抛掷,通过震颤判断品质优劣。三摇晃,即用手捏住蛋的两端在耳边摇动,听有无水响或撞击声,若有水响即为劣质蛋。四照,即用灯光透射检查。

⑦涂泥包糠(或涂膜):经检查后的皮蛋要及时涂泥包糠。目的是防止蛋壳破损,促进皮蛋后熟,并延长产品保质期。主要用残料液加黄泥调成浓稠的糨糊(注意不可掺入生水),将蛋用泥包裹住,然后在稻谷壳上来回滚动,使其均匀黏附在泥料上。每枚蛋裹泥约40克,厚度一般为2~3

厘米。

⑧装箱贮存：裹好泥料的蛋迅速装缸密封贮藏，或装入塑料袋内密封并用纸箱包装放入库内贮存。温度在10~20℃，并注意室内通风，防止潮湿引起皮蛋发霉。皮蛋贮藏时间一般为3~4个月。

2.咸蛋加工

咸蛋也是我国著名传统美食，其历史悠久，风味独特，食用方便。咸蛋主要是将鸭蛋或鸡蛋用食盐腌制而成的。其加工方法有草灰法、盐泥涂布法、盐水浸渍法等。一般出口咸蛋多采用草灰法腌制加工，具体加工又可分为提浆裹灰法和灰料包蛋法。

(1)工艺流程

配料→打浆→提浆、裹灰→装缸密封→成熟贮存。

(2)操作要点

①配料：各地有一定差异，通常为食盐、草木灰和水。

②打浆：先将食盐倒入水中充分溶解，然后将盐水倒入打浆机或搅拌机内，再加入稻草灰进行搅拌。将制好的灰浆静置过夜即可使用。

③提浆、裹灰：将选好的蛋用手在灰浆中翻转一次，使蛋壳表面均匀沾上一层约2毫米厚的灰浆，然后置于干稻草灰中裹草灰，裹灰的厚度约2毫米。

④装缸(袋)密封：经裹灰、捏灰后的蛋应尽快装入缸中密封，装缸时应轻拿轻放，叠放牢固。

⑤成熟与贮存：咸蛋腌制成熟的时间与季节、温度等有关。夏季20~30天，春秋季40~50天。腌制成熟后置于室温下贮存，贮存期一般不超过3个月。

第四节　水产制品加工

一　水产制品概述

水产制品是海洋和淡水渔业生产的水产动植物产品及其加工产品的总称,既包括捕捞和养殖生产的鱼、虾、蟹、贝、藻类、海兽等鲜活品,也包括经过冷冻、腌制、干制、熏制、熟制、罐装和综合利用的加工产品。目前,依据我国食品生产许可分类目录,水产制品可分为干制水产制品、盐渍水产制品、鱼糜制品、冷冻水产品、熟制水产品、生食水产品、其他水产品等产品类型。

1.干制水产品

主要包含虾米、虾皮、干贝、鱼干、鱿鱼干、干燥裙带菜、干海带、紫菜、干海参、干鲍鱼等产品。

2.盐渍水产品

此类产品主要利用盐腌制而成,有盐渍藻类、盐渍海蜇、盐渍海带、盐渍裙带菜、盐渍海参等产品。

3.鱼糜制品

指以鲜(冻)鱼、贝类、甲壳类、头足类等动物性水产品肉糜为主要原料,添加辅料,经相应工艺加工制成的产品,包括冷冻鱼糜、冷冻鱼糜制品、鱼丸、虾丸、墨鱼丸和其他。

4.冷冻水产食品

以生鲜水产品为原料,经预处理加工、速冻、包装后,在-18 ℃以下温度贮藏流通的小包装食品。冷冻水产食品通常有冻鱼片、冻鱼段、冻虾

仁、冻鲜贝、冻鱼排等预制鲜食品。

5.熟制水产制品

可包含熟制加工的烤鱼片、鱿鱼丝、烤虾、海苔、鱼松、鱼肠、鱼饼、调味鱼(鱿鱼)、即食海参(鲍鱼)、调味海带(裙带菜)等类型。

6.生食水产品

可包含腌制生食水产品、非腌制生食水产品,如醉虾、醉泥螺、醉蚶、蟹酱(糊)、生鱼片、生螺片、海蜇丝等产品。

二 水产制品加工

传统的水产制品加工主要有干制加工(干晒法)、腌制加工(腌晒法)、发酵加工等多种方式。

1.干制加工

干制加工即自然晾晒法,是利用太阳能和风能除去水产品中的部分水分,以达到抑制细菌繁殖和酶分解的目的,从而延长水产品的储藏期。干制加工是传统加工中较为便利、保藏性较好的一种加工方法。通常干制方法分为两种:一种是将水产品直接晾晒风干;另一种是将水产品先腌制,后晾晒。

2.腌制加工

腌制是以食盐大量渗入食品组织内,来达到保藏食品的目的。一般按照用盐方式的不同,可分为干腌、湿腌、混合腌制的方式。干腌法仅利用干盐抹在水产品表面,然后层层堆叠,各层间均匀撒盐,依次压实,依靠外渗汁液形成盐液进行腌制。湿腌法是将原料浸没在盛有一定浓度食盐溶液的容器内,利用溶液的扩散渗透作用使腌制剂均匀地渗入原料组织内部,至原料组织内外溶液浓度达到动态平衡。混合腌制是两种或两种以上的腌制方法相结合的腌制技术,如先经过湿腌再进行干腌,或者干腌后再进行湿腌。

3.发酵加工

在水产品发酵过程中，利用鱼体蛋白质被微生物产生的酶和酸性物质以及鱼体中自带的酶进行酶解，同时微生物发酵产生酸，形成特殊风味，比如臭鳜鱼加工。臭鳜鱼，俗称腌鲜鳜，属于传统发酵水产品，通常是利用新鲜度较高的鳜鱼自身酶类的自溶作用，以及天然存在的微生物水解作用，使鱼体蛋白质发生部分分解，产生氨基酸、核苷酸等呈味物质，从而使制品具有特殊的风味和质构。臭鳜鱼经过加热熟化后，营养丰富，并形成闻着臭吃着香、骨刺分离和蒜瓣状肉质的独特品质。安徽是臭鳜鱼的重要发源地之一，徽州臭鳜鱼以鲜鳜鱼、食盐为主要原料，采用杉木桶为主要贮藏工具，鹅卵石为辅助工具，经自然发酵成熟而成。成品鱼体呈铜绿色，鱼鳃、鱼眼鲜红，鱼肉呈淡粉色，质地紧实，散发出似臭非臭的独特气味。目前，臭鳜鱼加工产业已成为安徽省重要的特色产业。

一般臭鳜鱼是指冷冻调理鱼制品，大小规格基本为 0.3~0.9 千克/条，尤以 0.5~0.6 千克/条规格居多。臭鳜鱼发酵装置主要有木桶、塑料圆桶、塑料方桶和陶瓷缸等，其中加工企业普遍采用塑料桶打造轻便型发酵装置。选用的原料鳜鱼主要为斑鳜、花鳜和杂交鳜，腌制时以净膛鱼体、带肚整鱼、开背鱼、块状鱼进行腌制，以净膛鱼体为主。腌制方法包括干腌法和湿腌法。其中，前者是以一层鱼一层食盐辅以花椒、辣椒等调料进行腌制；后者则在整桶或整缸鱼码放好后，向其中倒入提前配制的腌制液。两者均在添加完食盐、调料或腌制液后，压石块或水桶等重物促进发酵。传统臭鳜鱼加工工艺及操作要点如下：

(1)加工工艺

选料→初加工→腌制→堆压→发酵→成品贮存。

(2)操作要点

①原料选择:制作臭鳜鱼的选料极其讲究,在时令上,以初春和深秋时节所产鳜鱼为佳。春季江水回暖,各种水生生物丰盛,给鳜鱼提供了充分的养料。而深秋时,鳜鱼活动量少,为越冬体内储存了大量脂肪。此两时节鳜鱼最为肥美。在体形上,选择900克左右的鲜鳜鱼腌制最佳。其去除内脏,经过腌制、发酵、烹制后的菜肴分量约为600克,装盘最为适宜。

②原料的初加工:制作臭鳜鱼的原料,要选取新鲜的活鳜鱼。传统制作臭鳜鱼不去鳞,采用手工宰杀,沿鱼腹部切开,除去内脏,此时鱼肉肌细胞仍具有一定活力,为后期抹盐腌制能更好地入味,形成柔嫩且弹性的口感提供了基础。

③腌制、堆压与发酵:传统采用干腌法腌制臭鳜鱼,仅使用盐一味辅料,直接用手蘸取细盐,均匀揉搓涂抹于除去内脏的鳜鱼鱼体内外。抹盐后将鳜鱼整齐地叠放在杉木制作的桶内,木桶直径为50~60厘米、高80~100厘米,便于装鱼和取鱼。要保证平铺一层鳜鱼撒一层盐,层层叠压。待鳜鱼叠压摆放整齐后,盖上杉木桶盖,并在桶盖上压上数块鹅卵石,约10千克,以保证将桶内鳜鱼压实,便于发酵。

④成品贮存:发酵好的臭鳜鱼经包装后,即可贮存或上市销售。

第六章 特色农产品加工技术

我国特色农产品资源丰富，其种类多且分布广，包括茶制品、食用菌、坚果制品等类型。本章重点结合安徽特色农产品资源优势，介绍特色农产品加工相关技术。

第一节 茶制品加工

一 茶制品概述

茶是我国传统特色农产品。目前，茶及相关深加工产品众多，而依据我国食品生产许可分类目录，可将茶相关产品分为茶类饮料、茶制品、调味茶和代用茶等产品类型。

1.茶类饮料

茶类饮料包括：①原茶汁，如茶汤、纯茶饮料等；②茶浓缩液；③茶饮料；④果汁茶饮料；⑤奶茶饮料；⑥复合茶饮料；⑦混合茶饮料；⑧其他茶(类)饮料。

2.茶制品

茶制品包括：①茶粉，如绿茶粉、红茶粉及其他；②固态速溶茶，如速溶红茶、速溶绿茶及其他；③茶浓缩液，如红茶浓缩液、绿茶浓缩液及其他；④茶膏，如普洱茶膏、黑茶膏及其他；⑤调味茶制品，如调味茶粉、调

味速溶茶、调味茶浓缩液、调味茶膏及其他；⑥其他茶制品，如绿茶茶氨酸及其他。

3.调味茶

调味茶包括：①加料调味茶，如八宝茶、枸杞绿茶、玄米绿茶及其他；②加香调味茶，如柠檬红茶、草莓绿茶及其他；③混合调味茶，如柠檬枸杞茶及其他；④袋泡调味茶，如玫瑰袋泡红茶及其他；⑤紧压调味茶，如荷叶茯砖茶及其他。

4.代用茶

代用茶包括：①叶类代用茶，如荷叶茶、桑叶茶、薄荷叶茶、苦丁茶及其他；②花类代用茶，如杭白菊茶、金银花茶及其他；③果实类代用茶，如大麦茶、枸杞子茶、决明子茶、苦瓜片茶、罗汉果茶、柠檬片茶及其他；④根茎类代用茶，如甘草茶、牛蒡根茶、人参（人工种植）茶及其他；⑤混合类代用茶，如荷叶玫瑰茶、枸杞菊花茶及其他；⑥袋泡代用茶，如荷叶袋泡茶、桑叶袋泡茶及其他；⑦紧压代用茶，如紧压菊花茶及其他。

二 茶制品加工

1.速溶茶加工

又称萃取茶、茶晶，是以茶叶为原料，经水提、分离、浓缩、干燥加工而成的一种粉末状或碎片状、颗粒状的方便固体饮料。速溶茶的优点是即冲即饮、不留残渣。其也可作为添加原料，加工成各种别具风味的汽水、果酒、西点、糖果和冰淇淋等产品。

（1）加工工艺

原料拼配→轧碎→提取→净化→干燥→包装→成品。

（2）操作要点：

①原料拼配：精选原料是加工速溶茶的基本环节。不同地区以及不同

茶类的原料,只有恰当配合,调剂品质,才能降低成本,保持原料茶品质的相对稳定,制造出香气和滋味符合消费者需求的速溶茶产品。例如,红茶拼配10%~15%的绿茶,不但有利于提高速溶茶的鲜爽度,并且对汤色也有所改进。

②轧碎:干茶叶经过轧碎后,大部分组织破裂,表面积增大。这样,原料在提取时就大大增加了溶剂的接触面积,加速了茶叶可溶物的扩散过程。轧碎度一般控制在0.4毫米左右,过细的茶末吸水之后容易结块,溶剂渗透性差,反而会降低扩散速度,并使提取液过度浑浊,给净化加重负担。

③提取:提取是速溶茶加工的重要环节。提取方法比较常用的有浸提、淋洗等几种。如果采取逆流提取,可以缩减加水比,增加茶的浸出,数分钟内将茶的可溶物加以适度提取,有利于防止出现熟汤味。如果采取分级淋洗,可以将不同香气品位的各级提取液分别处理,从而为更多地保留天然茶香并充分排除原茶的粗老气创造有利条件。这对于加工低档茶是有特殊意义的。

④净化:清澈明亮的新鲜茶汤是保证速溶茶品质的重要前提。净化的目的在于充分排除提取液的杂质,避免出现胶体浑浊。净化有物理和化学两种方法。物理净化,以过滤和离心最普遍;化学净化,则以碱法为代表。实践中,往往是几种净化方法综合运用。茶属于高热敏性物质,一般经不起高温长时间热处理。低温浓缩也是一种保护速溶茶风味成分的有效手段。

⑤干燥:脱水干燥是保存食品的通用方法,速溶茶也不例外。干燥产品应当具有良好的速溶性,复水后依然风味不减。目前,用来干燥速溶茶的方式主要是喷雾干燥和冷冻升华干燥两大类。喷雾干燥技术作为独立单元操作在工业上应用已有近百年历史。用来干燥速溶茶的方法,必须

做到茶香损失小，干燥效率高，速溶性能好。为此，喷雾前浓缩茶汤常充氮气饱和，干燥后再经沸腾造粒，以控制茶粒的大小和松密度，从而保证速溶茶在定容包装时获得一致的充满度。

⑥包装：速溶茶的剂型可分为片状、颗料、细粉和液体四种。产品包装不但需要美观，还要方便贮存和运输，以保证速溶茶的应有品质。倘若材料使用不当，密封失严，脱水的速溶茶很快会吸潮变成小块，氧化变质，香味淡薄，汤色变深，甚至霉变。

2.超微茶粉加工

超微茶粉是以茶树鲜叶或者成品茶叶为原料，进行超微粉碎，最终加工成颗粒度为200~300目甚至1 000目以上的可以直接食用的茶叶超微细粉。目前市面上以超微红茶粉和绿茶粉为主。超微茶粉最大限度地保持了茶叶原有的色、香、味等品质和各种营养成分。超微茶粉除可直接饮用之外，还可广泛添加于各类食品、饮料、药品等之中，以强化其营养保健功效，并赋予各类食品天然的绿色和特有的茶叶风味，同时还能有效地防止食品氧化变质，并延长食品保质期。

抹茶是超微茶粉中较为常见的一种。抹茶除可直接饮用外，还被广泛用于食品、保健品、化妆品、化工等诸多领域中。抹茶通常是以茶园前期经遮阴处理的茶树鲜叶为原料，经蒸汽杀青、干燥后，再经反复研磨加工而成的微粉状茶制品。

（1）加工工艺

茶树鲜叶→覆盖遮阴→蒸汽杀青→干燥→粉碎→包装→成品。

（2）操作要点

①茶树鲜叶：用于抹茶的茶树原料一般为专用茶树原料。

②覆盖遮阴：春茶在采摘前20天，必须搭设棚架，上面覆盖遮光的帘子，起到遮挡阳光的作用。经过覆盖的绿茶鲜叶，其中的叶绿素和氨基

酸明显增加,有助于提升抹茶产品的色泽和风味。

③蒸汽杀青:通过蒸汽杀青加工绿茶鲜叶,获得抹茶加工原料。

④干燥:蒸汽杀青后的茶叶再经微波烘干等干燥工艺获得加工物料。

⑤粉碎:抹茶粉碎设备通常采用电动石磨,进行多次碾磨,获得颗粒度较为均匀的抹茶产品。

⑥包装:抹茶产品需密封低温保存,这样有利于保持其产品品质,延长其保质期。

第二节　食用菌加工

一 食用菌概述

食用菌是指子实体硕大、可供食用的蕈菌(大型真菌),通称为蘑菇。常见的食用菌有香菇、草菇、木耳、银耳、猴头菇、竹荪、松口蘑(松茸)、口蘑、红菇、灵芝、虫草、松露、白灵菇和羊肚菌等。食用菌初加工产品通常包含保鲜产品、干制品、盐渍品、罐藏品等类型。食用菌深加工产品有食品、保健品、饮料和药品等类型。

1.初加工产品

(1)干制品

①热干燥产品:指利用太阳光晾晒或烘干机烘干的产品,比如干制木耳、香菇、银耳、灵芝等产品。

②冻干制品:冻干制品品质优良且耐贮存。常见的冻干制品有蘑菇、香菇、草菇等产品。

(2)盐渍品

食用菌可通过盐渍技术来抑制微生物,延长产品保质期。常见的盐渍品有蘑菇、平菇、双孢菇、金针菇等。

(3)罐藏品

食用菌经罐藏密封后能延长产品保质期,且携带方便、耐贮藏。常见的罐藏品有蘑菇、草菇、金针菇、平菇和银耳等。

2.深加工产品

(1)调味品类(如速溶汤料、方便调料等)

(2)食品类(如菇类蜜饯、膨化食品等)

(3)饮料类(如灵芝酒、灵芝茶、银耳粥等)

(4)药品类(比如香菇多糖、灵芝多糖等)

二 食用菌加工

1.食用菌初加工

食用菌除鲜销外,还可进行初加工,常见的加工有干制、盐渍和罐藏等方法。

(1)干制加工

①晒干法:一些食用菌如金针菇、木耳等,可采收后经除杂和蒸煮灭活处理,再放在竹帘等器物上置于太阳光下暴晒制成干制品。通常晒干后要及时进行密封包装,并注意防潮贮藏。

②烘干法:可利用电炉、红外线、微波、木炭等作为热源,进行烘干处理。食用菌规模化烘干常用烘干机进行加工处理,通常食用菌加工成的干制品的含水量控制在13%左右。烘干后的成品应做好密封和防潮贮存。

(2)盐渍加工

食用菌的盐渍加工,通常是将鲜菇清洗除杂,经预煮后,再用浓度为

0.6%的食盐水漂洗，然后用0.96%的柠檬酸液浸泡5~10分钟护色。放入10%食盐水中，在不锈钢锅内旺火煮制5~10分钟。滤去水，并用流水冷却，再按食用菌20%~30%的食盐量把菇体逐层入缸浸渍，至缸面，加入饱和食盐水(偏磷酸55%、柠檬酸40%、明矾5%)，调至酸碱度为3.5，使得溶液浸过菇面层。在缸中插入胶管，每天打气2~3次，使盐水上下循环。中间翻缸2~3次，约20天盐渍完毕。盐渍后装入包装容器内，加足饱和食盐水浸没，保持酸碱度在3.5左右。常见的盐渍产品有蘑菇、平菇、猴头菇等。

(3)罐藏加工

食用菌罐藏是利用菇体处于密封容器内，与外界空气隔绝，并经高温杀菌处理，进而能有效延长产品保存期。一般是将鲜菇经预处理后，装入金属罐或玻璃罐内，经抽气密封后，进行高温杀菌，再冷却贮藏。

2.食用菌速冻加工

以速冻平菇为例，介绍食用菌速冻加工产品。

(1)原料选择与除杂

平菇原料应新鲜完整，色泽呈灰白色，菇盖边缘裂纹浅，菇盖直径3厘米以上，菇柄长度约为1厘米。剔除腐烂菇体及杂质。用流水清洗干净。

(2)烫漂与冷却

加清水于烫漂槽中，加水量为容器容量的三分之二，并加入浓度为0.05%~0.1%的柠檬酸溶液。待槽内液体被煮沸后，将平菇倒入槽中做烫漂处理。平菇加入量为溶液的20%~30%。轻轻搅动菇体，使其受热均匀。烫漂温度控制在95℃左右，时间为5~8分钟。烫漂结束后立即将平菇置于清水中冷却。冷却后再置于离心机中脱水处理。

(3)装袋与速冻

按平菇大小分级，把平菇装入干净的塑料袋中，每袋500克左右。封

口后对平菇进行速冻处理，使其在-30~-25 ℃低温下迅速冻结。

（4）低温贮藏

平菇速冻后，连袋装入纸箱内，严格包装后，置于-18 ℃低温库内贮存。

第三节　坚果炒货加工

一　坚果炒货概述

安徽在坚果炒货领域位居全国前列，拥有洽洽集团、三只松鼠、詹氏山核桃等知名企业。合肥被授予“中国坚果炒货之都”的称号。近年来，坚果炒货食品产业发展迅速，未来发展前景极为广阔。目前，依据《坚果炒货食品通则》（GB/T 22165—2008），坚果炒货食品是以果蔬籽、果仁、坚果等为主要原料，添加或不添加辅料，经炒制、烘烤、油炸或其他加工工艺制成的食品。按产品加工工艺分类，可分为烘炒类、油炸类和其他类。

1.烘炒类产品

原料添加或不添加辅料，经炒制或烘烤（包括蒸煮后烘炒）而成的产品。

2.油炸类产品

原料按一定工艺配方，经常压或真空油炸制成的产品。

3.其他类产品

原料添加或不添加辅料，经水煮或其他加工工艺制成的产品。

二 坚果炒货加工

坚果炒货类食品品类众多，本书结合安徽资源特色，重点介绍坚果制品如核桃、板栗、香榧及炒货类如南瓜子、瓜蒌子等的加工。

1.坚果制品加工

(1)核桃加工

核桃在我国分布广泛。核桃为胡桃科胡桃属植物，落叶乔木，核果球形，外果皮平滑，内果皮坚硬，有皱纹，像大脑的形状。果仁可吃可榨油，也可入药。可配制糕点、糖果等，不仅味美，而且营养价值很高。目前核桃加工利用形式多样，原料以核桃仁为主，比如可加工成核桃油、核桃蛋白等产品。

①核桃油：核桃仁中提炼的核桃油富含多种生物活性物质，除含量较多的亚油酸、α-亚麻酸、维生素 E 外，还含有微量的功能性成分，如二十二碳六烯酸(DHA)、二十碳五烯酸(E 帕)等。目前，核桃油的生产工艺主要有压榨法、有机溶剂浸出法和超临界二氧化碳萃取法等。通常是将核桃仁碱法蜕皮后，利用液压冷榨法生产核桃油，压榨压力为 30 兆帕，压榨时间为 40 分钟，起榨水分为 1.5%，出油率达 93.19%，不饱和脂肪酸含量达到 93.03%。

②核桃蛋白：核桃蛋白中的必需氨基酸含量较高，也是很好的植物蛋白来源。市面上核桃蛋白的加工品多为核桃蛋白发酵酸奶和核桃蛋白饮料；也可将脱脂核桃蛋白添加到肉制品中，作为填充剂提高肉的吸水吸油性、凝胶强度和乳化能力，同时起到降低脂肪摄入的作用。核桃蛋白可通过冷榨和热榨加工得到，而冷榨得到的核桃蛋白的溶解性、乳化性、吸水性均优于热榨，更适用于植物蛋白粉和乳制品生产。

③核桃仁加工产品：我国以核桃仁为主或辅料生产的食品品类较

多，常见的有琥珀核桃、五香核桃、脱皮核桃仁、核桃软糖、核桃酪、核桃罐头、核桃乳制品等产品类型。

(2)板栗加工

板栗，俗称栗子，属壳斗科栗属植物。板栗也是一种广泛种植于我国的具有较高营养价值的坚果。板栗作为坚果类食品，口感甜糯芳香，营养价值丰富，尤其是板栗淀粉含量高达70%。目前，板栗多以生栗原料销售，加工方式主要属于初加工，如糖炒板栗产品，而板栗仍需要深入开发利用。

①板栗粉：将板栗通过去壳去内皮、(熟化)干燥、粉碎等工序制得板栗生粉(熟粉)，既能延长贮藏期，确保板栗不受季节限制，又能以板栗粉形式拓宽其在食品行业中的应用。目前，市面上现售的板栗粉简单分为生粉与熟粉，主要用于家庭制作栗子面窝头、栗子蓝莓马芬蛋糕、全麦栗香果干面包、板栗饼等；而熟粉可以直接冲食，或制成板栗复合冲调粉产品。

②板栗果脯：由于板栗具有淀粉含量较高、果实质地比较坚硬等特性，导致板栗果脯在加工过程中存在糖分难渗入、加工后淀粉易发生老化返生等问题，可添加α-淀粉酶水解板栗中的淀粉，从而使得果脯软度增加，提高渗糖速度。

③板栗保健饮料及板栗酒：目前板栗饮料的加工产品主要有天然全板栗饮料、板栗奶等产品。但板栗饮料在加工过程中存在褐变、稳定性差等难题。可利用复合护色剂(0.05%的维生素C、0.05%的植酸、0.07%的柠檬酸和0.2%的乙二胺四乙酸二钠，0.25%的蔗糖酯、0.15%的单甘酯和0.05%的复合稳定剂复配)提高饮料的稳定性。以板栗为原料开发板栗酒，不仅可以丰富果酒的种类，还可以满足消费者对于休闲食品多元化的需求，同时可以提高板栗的附加值。

④板栗脆片：果蔬脆片符合当今零食健康化、方便即食的趋势，深受大众喜爱。目前板栗脆片的加工主要有低温真空油炸、微波膨化、热风干燥联合微波处理等方法。

⑤板栗面包：以小麦粉作为主要原料，并添加10%的板栗粉、8%的活性干酵母、0.8%的面包改良剂等，采用二次发酵法工艺制作的面包具有皮薄、体积大、内部结构细密、弹性好、香味浓、口感好、货架期长等优点。在板栗面包的制作过程中还可添加1.1%的黄原胶和0.3%的单甘酯作为复合改良剂，不仅可以改善板栗面包的烘焙品质，还可以延缓面包的老化，延长其货架期。

2.炒货制品加工

(1)南瓜子加工

南瓜子是成熟南瓜的种子，通过腌制和烘烤可作为零食食用，也可用于制造糖果和烘焙食品。南瓜子的主要成分是蛋白质和油，此外，还含有矿物质、植物甾醇、类胡萝卜素和生育酚等营养成分。南瓜子仁作为一种药食两用的植物资源，近年来其系列产品的开发较多，主要集中于南瓜子炒货、蛋白质产品、南瓜子榨油及南瓜子粕的利用等。

①南瓜子炒货：南瓜子从古至今多以炒食为主，炒制加工技术是南瓜子经过干燥后进入炒制设备中进行翻炒，使其受热均匀，温度控制在135 ℃左右，炒制后的南瓜子风味独特。目前南瓜子类休闲食品主要有炒货及糖果类等多种产品。

②南瓜子蛋白质：南瓜子中含有丰富的营养物质，其中蛋白质质量分数为30%左右。南瓜子粕经处理后得到的南瓜子蛋白质粉中，蛋白质质量分数可达60%。利用南瓜子为原料还可开发蛋白肽类产品，提高产品应用价值。

③南瓜子油：南瓜子油不仅可作为食用油，而且作为一种潜在的营

养食品受到广泛关注。南瓜子富含脂肪酸(包括 ω-3 脂肪酸、ω-6 脂肪酸和 ω-9 脂肪酸)、特定的甾醇、生育酚和微量营养素,具有保健功效。目前,南瓜子油提取方法主要有热榨法、冷榨法、溶剂萃取法、水酶法、超声波辅助提取法等。

④南瓜子粉:南瓜子粉冲调饮品风味独特,食用方便,改变了南瓜子产品单一的局面,是一种具有广阔市场前景的新型食品。还可将南瓜子粉与普通白面粉混合烘烤制作饼干,得到具有特殊风味的南瓜子饼干。

⑤南瓜子壳:南瓜子壳约占南瓜子质量分数的 60%,南瓜子壳中有大量膳食纤维,功能特性良好。比如以南瓜子壳为原材料,可制成南瓜子壳膳食纤维饼干。

(2)瓜蒌子加工

瓜蒌,属葫芦科栝楼属,为多年生宿根草质藤本植物,药食两用。子可食用,果实、皮、根均可入药。整个干燥果实中药名称为全瓜蒌,果壳称瓜蒌皮,种子称瓜蒌子,根块称天花粉。瓜蒌为常用大宗药材。瓜蒌子富含不饱和脂肪酸、蛋白质,并含多种氨基酸和维生素及微量元素,具有多种营养与保健功效。瓜蒌子经炒熟后味道脆香,被誉为“瓜子之王”,是集休闲、营养、保健于一身的天然药膳食品。目前,安徽潜山市有全国最大的瓜蒌种质资源圃。小瓜蒌变成具有潜山市特色的大产业,市场发展前景广阔。

目前在产品加工方面。尽管瓜蒌子营养丰富,但当前仅作为炒制的休闲食品利用,也有少量试制瓜蒌子油,其开发利用还值得深入研究,其市场价值尚未得到充分体现。此外,在瓜蒌皮、根的加工利用方面仍值得进行深度开发。

参 考 文 献

[1] 胡小松,吴继红.农产品深加工技术[M].北京:中国农业出版社,2007.

[2] 孟宪军,张佰清.农产品贮藏与加工技术[M].沈阳:东北大学出版社,2010.

[3] 李冬生,曾凡坤.食品高新技术[M].北京:中国计量出版社,2007.

[4] 汪磊.粮食制品加工工艺与配方[M].北京:化学工业出版社,2015.

[5] 于新,刘丽.传统米制品加工技术[M].北京:中国纺织出版社,2014.

[6] 张玉化,王国利.农产品冷链物流技术原理与实践[M].北京:中国轻工业出版社,2018.

[7] 王晨,王燕,吴卫国,等.双螺杆挤压复合方便粥配方优化及品质分析[J].食品工业科技,2022,43(5):245-254.

[8] 邱凌霞,葛胜菊,马希祥,等.膨化杏鲍菇休闲食品的工艺[J].食品工业,2021,42(8):169-171.

[9] 周森,白婵,熊光权,等.响应面优化微波膨化虾粉休闲食品[J].食品工业,2021,42(11):50-55.

[10] 刘艳,唐美玲,蔡文,等.喷雾干燥法制备山药大果山楂固体饮料[J].食品工业,2021,42(3):103-107.

[11] 李淑君,陶吉兰,王雨洁.真空干燥法对海东胡萝卜富硒工艺条件的优化[J].现代食品,2021,15:56-59.

[12] 常秋,黄易安,张明豪,等.刺梨鲜果块真空冷冻干燥工艺的分析[J].食品安全导刊,2021,30:114-116.

[13] 杨天阳,田长青,刘树森.生鲜农产品冷链储运技术装备发展研究[J].中国工程科学,2021,23(4):37-44.

[14] 夏秋霞,张东京,姚坤,等.内酯豆腐的加工工艺研究[J].兰州文理学院学报(自然科学版),2021,35(4):38-42.

[15] 宋佳玮,郑明媛,王宇,等.果蔬速冻技术、设备和质量控制现状分析[J].保鲜与加工,2019,19(3):154-161.

[16] 沈静,王敏,冀晓龙.果蔬干制技术的应用及研究进展[J].陕西农业科学,2019,65(3):95-97.

[17] 潘少香,郑晓冬,刘雪梅,等.热风干燥和喷雾干燥对果蔬粉品质的影响[J].中国果菜,2019,39(2):6-14.

[18] 潘雅燕,王娜,王诗逸,等.徽州臭鳜鱼传统制作技艺调查研究[J].现代食品,2020:85-87.